CAREER HIGH

THE MOST POWERFUL ART OF WORK

最強工作術

破解職場迷茫，輕鬆實現目標

徐婉益 ——— 著

序言 PREFACE

翻開這本書的你，一定是一名終身學習者。可有一個問題或許一直困擾著你：我們學習了那麼多知識，究竟如何才能學以致用？

之所以會有這樣的疑問，是因為你已經面臨過太多讓你手足無措的挑戰了。上學時，你日日挑燈夜讀，但成績依然不夠亮眼；上班後，你常常徹夜加班，但升職加薪的機會依然落不到你頭上。你努力回想畢生所學，嘗試過許多種辦法想要改變無奈的現狀，卻又一次次讓自己失望；你咬咬牙，想要靠勇氣與毅力挺過去，卻讓自己被一個又一個困局壓得疲憊不堪。

你或許意識到了，意志力無法從根本上解決問題。那麼，如今正要在職場發光發熱的你，究竟應該如何做到真正的「學以致用」呢？

你需要找到合適的工具幫你從根本上解決問題，並找到使用它們的方法與時機，這些正是我寫作這本書的初衷。

為什麼我會這麼快地找到問題的突破方向，並且如此迫切地想要幫助看到這本書的你？這一切，都源於一場「相遇」。

大學剛畢業時，我以為學生時期體會過的這些無奈將繼續伴我

左右,並將這種無奈視作不可避免的人生磨練。帶著這樣的心態,我進入了一家知名諮詢公司,成為一名公司人力資源的顧問,就此打開了「職場工具」的大門。

我驚訝地發現,在這些工具與模型的幫助下,即便我沒有足夠的在職期間,也可以透徹地瞭解一家企業,即便我沒有豐富的行業經驗,也能成為一名具備足夠價值的專家。當二十出頭的我與年過四十的企業高層坐在一張桌子上開會,還受到對方的認可與尊重時,我堅定了自己與工具、模型此生為伴的決心。

如今,我與工具「相伴」已十幾載,從借助工具賺錢,到設計工具賺錢,我需要面臨的問題和挑戰越來越複雜,難度也越來越高,可我卻並沒有因為與日俱增的壓力而倍感焦慮,反而在這個過程中收穫到了越來越多的驚喜:因為我更透徹地看清了每一個職場工具的深層價值,看到了它們在不同的挑戰中表現出的各種精采。

在更深刻的理解之下,我對工具的使用也愈加爐火純青,更逐漸意識到,幾乎每一位在「學以致用」環節遇到困難的人,都是因為在遇到難題時沒找對方向——也就是沒有找對可以將「學」轉化為「用」的工具。

金子只有在被人看到時才會被發現光芒。現在,我將它呈現在你的眼前,它無疑便擁有了比被我獨享時更耀眼的價值。

當你閱讀這本書時,不必懷疑這些工具的實用價值。本書所有職場工具的原型,源自包括金字塔原理、目標管理、教練技術、OKR思維和4D上司力系統等在內的各大頂級管理學經典方法論。

這本書還有一個突出的特點——圖解工具。在這本書裡,為了

方便大家理解、閱讀、轉化書中的內容，我把打造職場巔峰的工具用圖解的方式呈現在書中。豐富的插圖與通俗易懂的文字，讓你能夠輕鬆看懂書的內容，掌握使用工具的方法。雖然繪圖花費了我很多時間，但每每想到大家在忙碌之餘能高效地看完一本書，讀懂一本書，並把使用工具的方法運用到工作中，我就非常欣慰。

但你也不能因此掉以輕心，認為自己看過這本書後便能輕鬆應對所有職場挑戰，從此高枕無憂。通常情況下，一個問題沒有被有效解決可能有3種情況：沒有用心解決問題；找錯了解決問題的方法；嘗試過解決問題卻暫時沒有成功。

你發現了嗎？最後一種情況隱含著一個重要訊息：問題的解決，未必是立竿見影的。有時候，即便你選對了解決問題的工具，也在合適的時機進行了正確的處理，但你未必能立竿見影地根除問題。這個世界上存在許多介於「真」與「假」、「白」與「黑」的灰色地帶，或者說是「緩衝區」，它代表著一種新的可能性，一種脫離了原狀態的新局面。

在新的可能性裡，你會找到更好的自己，一個更勇於嘗試、更勤於應對的自己。如果你也好奇「更好的自己」是什麼樣子的，不妨就在使用本書工具的過程中尋找一下，也許就在某個意想不到的轉角處，你也會擁有一場奇妙的相遇。

我在2021年成為一位母親。作為一名大齡獨自帶娃的新手媽媽，如果沒有先生楊寧的支持，我很難在產後半年就啟動這本書的寫作，且做到每天專心構思內容4小時。在此，我想對我的「育兒合夥人」表達由衷的感謝！

同時，我還要感謝我的編輯劉怡丹。她為我的這本書提出了許多建設性的意見，比如提醒我加入「圖解工具」，這的確能大幅減輕讀者的閱讀疲勞，也能更清晰地表達我心中所想。如果你在閱讀這本書時感到十分輕鬆，毫無意外，這是她的功勞。

　　最後，我也要感謝選擇這本書的你，話不多說，就讓所有的感謝化為書中的30個工具，助你收穫專屬於你的職場高光吧！

徐婉益

2022年6月29日

使用說明

　　為了讓你省時、省力、省事地透過本書的30個實用工具解決職場「打怪升級」的問題，從「職場小白」進階為「職場明星」，走上人生的高光時刻，你需要先花3分鐘瞭解本書的使用說明。

面臨挑戰

　　職場進階是一個不斷「打怪升級」的過程，從即將邁入職場到成為「職場明星」，在這個過程中，你會經歷6個階段，每個階段都會遇到相應的困難和挑戰。

- 大學畢業後，你廣投履歷，卻總是在面試環節被淘汰。
- 面試成功後，你成為一名職場小白，兢兢業業、勤勤懇懇地完成工作任務，卻因為難以融入團隊而無法成功轉正。
- 試用期過後，你不斷拚搏，終於成為一名新進管理者，卻不知道該如何管理員工和帶領團隊把事情做好。
- 管理工作逐漸上手後，你開始思索如何更上一層樓，帶領團隊完成高難度績效目標。
- 完成高難度績效目標後，你還要征服上司才能獲得提拔。

- 在職場上摸爬滾打很長時間後，你才逐漸做出成績，獲得認可，可怎樣才能在職場上一直遊刃有餘且始終處於巔峰？

傳統操作

當你面臨以上職場挑戰時，你可能嘗試過以下操作：

- 在網路上尋找各種面試秘訣。
- 對主管和同事恭恭敬敬，總是不遺餘力地幫助他們。
- 向主管上司請教管理方法。
- 為了完成高難度績效目標通宵加班。
- 在主管面前不停地展示自己的成績。
- 與公司上下所有人建立良好的人際關係。

當你嘗試過以上這些傳統操作後，依然沒有解決你想解決的問題，發揮自己的獨特價值，扶搖直上，成為你想成為的人，那麼本書的「6輛纜車」，將助你從「職場小白」省時、省力、省事地迅速上行，成功進階為「職場明星」。

解決方案

「6輛纜車」代指職場的6個階段，即面試期、試用期、新上任期、績效管理期、晉升期和平穩期。每一個階段的進階猶如一輛纜車向上攀登，直至登頂，如圖0-1所示。

本書提供的30個實用工具，適合職場生涯還在「打怪升級」中或者處於迷茫焦慮狀態、找不到方向的職場人。在每個工具中，

設置了4個板塊:「面臨挑戰」板塊,助你鎖定可能面臨的挑戰;「傳統操作」板塊,讓你看清過往自己做過的嘗試;「解決方案」板塊,教你找到最佳助力工具;「工具總結」板塊,總結出每個工具的使用要點。同時,在每個工具中還配有詳細的拆解介紹圖,以及細化到每一步操作的實例,以圖文結合與理論實作互補的形式,全方位為你解讀各個工具,讓你即學即用。

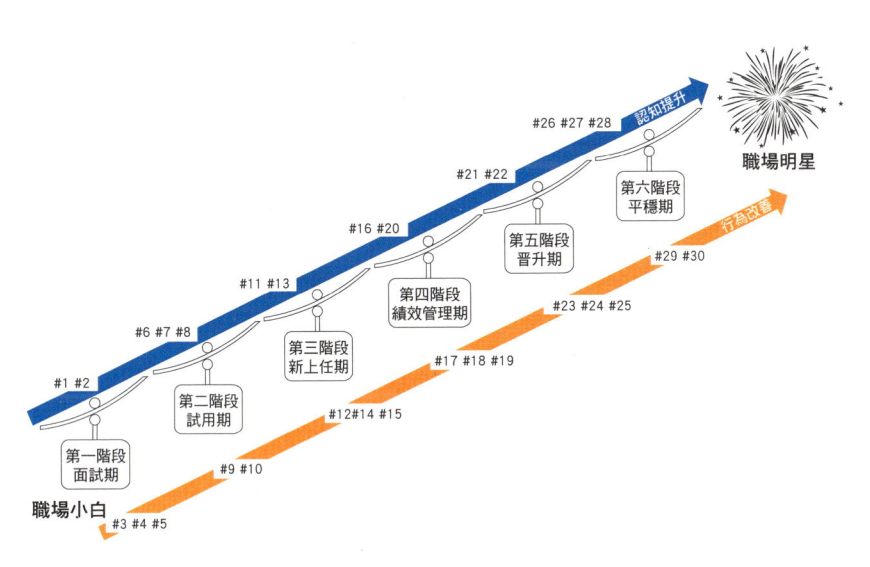

圖0-1 「職場小白」進階之路

工具總結

本書每節的結構圖,如圖0-2所示。

01 工具編號 工具名稱

02 面臨挑戰 你是否遇到過類似挑戰?

03 傳統操作 你是否也這麼做過但沒有成功?

04 解決方案 你嘗試一下新方案,看看行不行!

05 工具總結 你是否已經掌握工具要點?

圖0-2　本書每節內容結構示意

目錄

序言 003
使用說明 007

第一階段
面試當前，一舉拿下理想職位
015

工具 01 職業規劃：「3 個圈」找到職場核心競爭力 016

工具 02 履歷準備：「4 拐點」，獲得夢想職位 026

工具 03 面試技巧：「昨日重現法」，證明絕對價值 036

工具 04 職位選擇：「探照鏡」，照出夢想職位 045

工具 05 內部競聘：「5 點清單」，備戰組織競聘 055

第二階段
試用期內，快速融入新團隊
065

工具 06 試用 1 週：「人眼測評法」，知己知彼 066

工具 07 試用 1 個月：「四位一體法」，刷足存在感 074

工具 08 試用期間：「1+1 連接法」，建立信任 083

工具 09	試用期滿：「群策群力法」，解決難題	091
工具 10	特殊試用：「人才盤點3問」，成功轉正	099

第三階段
新官上任，管好人和理好事
109

工具 11	管好人：「4步提升認可法」，快速服眾	110
工具 12	理好事：「要事優先3漏斗法」，快速達標	119
工具 13	搞好關係：「7步供需圖譜」，快速贏得好人緣	127
工具 14	時間管理：「折疊時間管理法」，快速拿結果	136
工具 15	特殊上任：「變革閉環管理法」，快速整頓團隊	144

第四階段
績效管理，帶領團隊打勝仗
153

工具 16	績效目標：「很可能有戲法」，制定高挑戰目標	154
工具 17	績效任務：「6個明確地圖」，找準行動方向	164
工具 18	績效述職：「3盞聚光燈」，照亮績效成果	173
工具 19	績效復盤：「1塊看板」，高效賦能團隊	181
工具 20	績效結果：「1個轉變」，點燃內心戰鬥力	191

第五階段
贏得主管職，輕鬆被提拔

201

工具 21	「需求畫布」，讓上司「看見你」	202
工具 22	「分析看板」，讓上司「關注你」	210
工具 23	「優選列表」，讓上司「認同你」	219
工具 24	「開門見喜」，讓上司「滿意你」	229
工具 25	「透析問題」，讓上司「賞識你」	238

第六階段
暢享職場，一直高光

247

工具 26	抓住「3大黃金時刻」，輕鬆簽單	248
工具 27	滿足「高光3要素」，營造高光場景	256
工具 28	聚焦「貴人伯樂評分表」，找到「貴人」和「伯樂」	264
工具 29	使用「比較優勢環」，爭取更多資源	273
工具 30	巧妙使用「避坑指南」，避免「自嗨式」高光	281

最強工作術
暢享職場人生的 30 個實用工具

第一階段

面試當前，一舉拿下理想職位

　　如今的求職方式已經發生了巨大的變化，迷宮一樣的網路招聘資訊讓人眼花繚亂。你申請了很多個職位，為每個公司量身訂製個人履歷，但似乎離自己理想的職位越來越遠。你需要一份工作，但不是任何工作。5個工具，從職業規劃、履歷準備、面試技巧、職位選擇到內部競聘，一步步教你找到理想職位。

工具 01 職業規劃:「3個圈」,找到職場核心競爭力

也許你是剛進入職場的小白,對自己的職業沒有方向和目標,不瞭解自己能做什麼,想做什麼;也許你是已經有了多年工作經驗的老手,已經能將工作處理得遊刃有餘,正在思考如何更進一步成為管理者或者進行創業;也許你是年過三十的職場老手,已經在職場中佔據了一席之地,正在思考如何勇攀高峰……無論你身處職場的哪個階段,只要你想在職場上獲得成功,就要找到你的核心競爭力,成為不可替代的人。

面臨挑戰

現實中,並非每一位職場人都對自己的核心競爭力瞭若指掌,而當你拿不準自己的核心競爭力時,你將被下述困境縛住手腳。

- 不停地換工作,希望透過改變環境找到適合自己的工作,結果除了浪費時間一無所獲。

- 在工作中總覺得自己的優勢和特長沒有用武之地，做得很鬱悶。
- 自認為能勝任的工作，到職後才發現理想與現實天差地別，最終落寞離去。

傳統操作

請你認真回憶，自進入職場以來，你是否做出過以下嘗試：

- 購買職業測評服務，瞭解適合自己的職業類型。
- 購買職業生涯規劃諮詢服務，瞭解自己的職業傾向。
- 與獵頭溝通，瞭解擬應聘企業的基礎資訊和面試該企業的技巧。

當你嘗試過以上這些傳統操作，依然無法洞悉自己的核心競爭力，難以找到滿意的工作，甚至不能確定自己的職業發展方向時，就說明你需要使用新的工具——「3個圈」，助你突破職業規劃困局。

解決方案

所謂「3個圈」，即在一定範圍的工作內容清單上，按順序以不同前提條件畫下3個圓圈，逐步縮小適合自己的工作範圍，最終明確自己職業生涯的核心競爭力，找到最佳的職業發展方向。

第1步：準備工作

在應用「3個圈」工具之前，請先**準備好一張紙，並盡可能地列出所有你正在完成以及想完成的工作。**

在準備工作中，正在做的工作就是你目前的本職工作，想做的

工作則是你的職業理想。很多人容易把人生理想和職業理想混淆，職業理想是你透過努力能夠實現的，而人生理想是一種願景。比如，你希望幫助更多人走出職場焦慮，這是你的人生理想；你想要成為一名能幫助他人紓解職場壓力的專業心理諮詢師，這是你的職業理想。

以小王為例，小王目前擔任人力資源部主管，主要負責招聘與培訓工作。在工作之餘，他還一直在學習培訓師的相關專業知識，期望自己未來可以成功轉型為職業培訓師，但小王不確定職業培訓師這一職業是否適合自己。

思考過後，他決定應用「3個圈」工具為自己做出準確判斷，並做好了相關準備工作——在紙上列出了目前自己正在做以及想要做的全部工作（見圖1-1）。

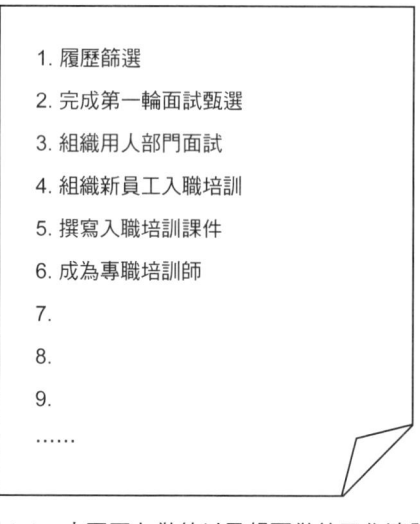

```
1. 履歷篩選
2. 完成第一輪面試甄選
3. 組織用人部門面試
4. 組織新員工入職培訓
5. 撰寫入職培訓課件
6. 成為專職培訓師
7.
8.
9.
……
```

圖1-1　小王正在做的以及想要做的工作清單

在這份清單中，前3項均為與招聘相關的工作，第4項和第5項與培訓相關，第6項則是小王的職業理想。做好以上準備工作後，小王將分步畫下自己的「3個圈」。

第2步：畫下第1個圈

「3個圈」工具中的第1個圈是**在你所列出的工作清單中，圈出對結果有決定權的工作。**

所謂「對結果有決定權」，是指該項工作成果的好壞應在你的掌控之中。需要注意的是，你的第1個圈所圈出的工作重點不在於數量，而在於真實性，要實事求是。

小王在準備好的工作清單中圈出了第2項、第4項、第5項和第6項，這是在他心中對結果有決定權的工作（見圖1-2）。

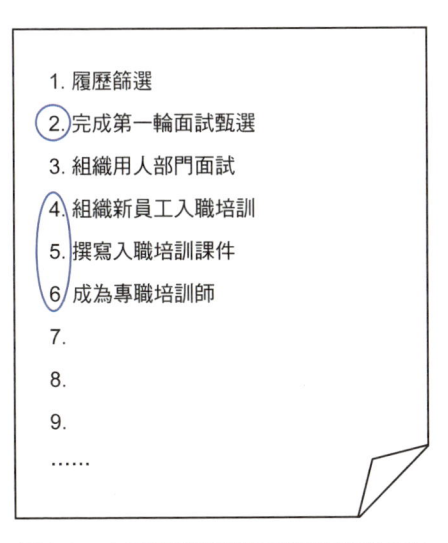

```
1. 履歷篩選
2. 完成第一輪面試甄選
3. 組織用人部門面試
4. 組織新員工入職培訓
5. 撰寫入職培訓課件
6. 成為專職培訓師
7.
8.
9.
……
```

圖1-2　小王圈出對結果有決定權的工作

第3步：畫下第2個圈

「3個圈」工具中的第2個圈是**在第1個圈的基礎上，進一步圈出自己最擅長的工作。**

此處「最擅長的工作」有兩層含義：其一是在所屬群體中是某一領域內的權威；其二是在所屬群體中擁有的獨一無二的能力或技術。

小王任職的公司會在每一次培訓結束後進行滿意度調查，小王總是能在「課程內容」這一項上拿到最高分，不難看出，他是公司內最擅長做課程軟體的員工之一。小王還常常受邀為外部企業講授入職培訓，反響良好。這些都證明了他的確擁有成為專職培訓師的潛力。

小王根據自身情況，在第1個圈的基礎上畫下了第2個圈（見圖1-3）。

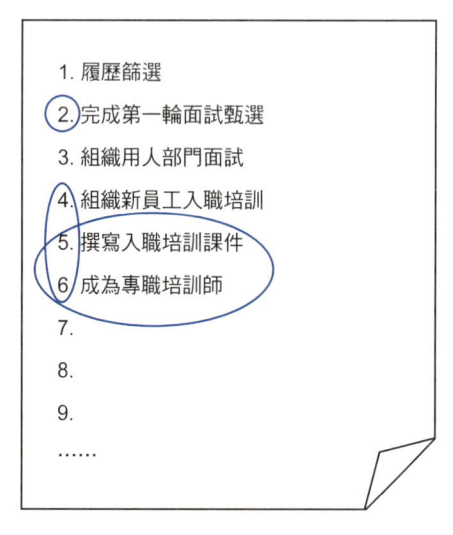

1. 履歷篩選
2. 完成第一輪面試甄選
3. 組織用人部門面試
4. 組織新員工入職培訓
5. 撰寫入職培訓課件
6. 成為專職培訓師
7.
8.
9.
……

圖1-3 小王圈出最擅長的工作

透過畫下的兩個圈，小王意識到，自己雖然在培訓師方面獨有優勢，卻面臨著兩個發展方向：縱向深耕與橫向開發。縱向深耕需要一個人在某一領域的一個分支內容上進行精細化鑽研，力求成為該分支的專才，突出「專精」；橫向開發則是要求一個人成為某一領域內的全才，即所有分支內容都融會貫通，突出「廣博」（見圖1-4）。

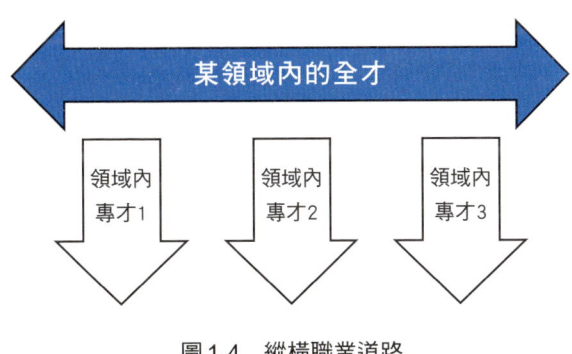

圖1-4　縱橫職業道路

面對這樣的局面，小王應該如何選擇呢？

很快，小王為自己設計了3條路徑（見圖1-5）：第1條路徑是橫向開發的領域內全才方向，即成為一名商業講師；第2條與第3條路徑則是縱向深耕的領域內專才方向，前者是成為一名內訓專家，後者是成為一名打磨教練，這兩條路徑無論是在公司內還是領域內都有很好的發展前景。

```
         商業講師
←─────────────────→

  內              打
  訓              磨
  專              教
  家              練
  ↓              ↓
```

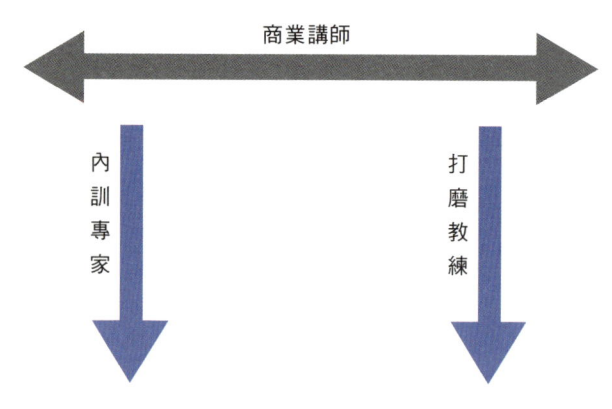

圖 1-5　小王的縱橫職業道路

第4步：畫下第3個圈

「3個圈」工具中的第3個圈是**在縱橫職業道路中圈出協同性最好的路徑**。

什麼是協同性最好的路徑？這類路徑有兩個顯著特徵：一是選擇該路徑的人所需要具備的技能均為領域內的基礎技能，即領域內其他路徑也有需求；二是這條路徑與領域內其他路徑的成功存在較強關聯。

以小王為例，在小王目前確定下來的3條路徑中，如果小王選擇成為內訓專家，首先，小王需具備課程設計與課程講解兩項基礎技能，而這兩項基礎技能不僅是小王最擅長的技能，也是另外兩條路徑不可或缺的基礎技能；其次，內訓專家如果往自雇者的方向發展，會成為商業講師，如果小王在職業培訓師教程（Training the Trainer to Train，簡稱TTT）領域裡深耕，則可以發展為打磨教練（見表1-1）；最後，小王目前是公司的人力資源部主管，他可以透

過公司內部的晉升途徑到達內訓專家的位置。

表1-1 小王的3條職業發展路徑的協同性分析

職業發展路徑	基礎技能				實現路徑的相關性
	課程設計	課程講解	商業變現	TTT技術	
內訓專家	√	√			企業內部晉升
商業講師	√	√	√	√	內訓專家的自雇形式
打磨教練	√	√		√	TTT領域內的內訓專家

綜上來看,對於小王而言,協同性最好的路徑就是成為內訓專家(見圖1-6)。

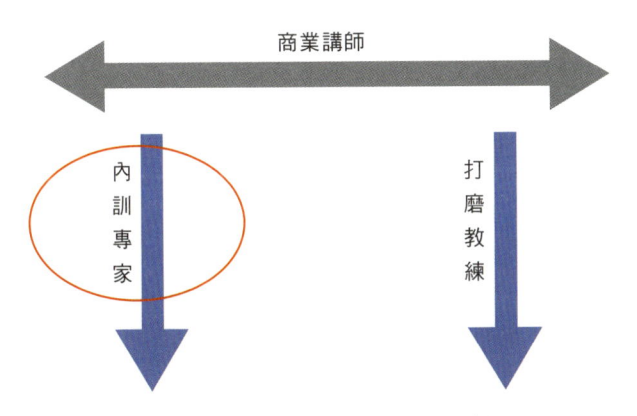

圖1-6 小王協同性最好的職業路徑

至此,小王已經畫完了3個圈。透過他畫出的3個圈,可以看到小王的第3個圈不僅圈出了自己未來的職業發展路徑,還圈出了自己更長遠的職業理想方向。但你也許會有疑問:為什麼小王在畫

第3個圈的時候，不能直接選擇商業講師或打磨教練，而要重點考慮「協同性」的問題呢？

因為腳踏實地地過好當下，是每一個人實現職業理想的重要前提。許多人在對自己的職業生涯進行規劃的時候，已經畫出了第1個圈和第2個圈，卻忽略了第3個圈，最終導致的結果通常都是難以落地——沒有考慮協同性的選擇往往太過於理想化，在執行過程中很容易將人帶偏。

比如，一個人在做完職業規劃的相關測評後發現自己具有上司潛質，這不代表著他接下來回到公司很快就能成為管理者，或者他必須馬上站到管理者的位置。他仍然需要認真做好眼前的工作，一點點累積自己的能力，才能在穩定的升職加薪中一步步接近夢想。只有協同性高的路徑，才能提供這樣踏實且易落地的機會。

「3個圈」工具應用結束後，小王找到了自己的職場核心競爭力——課程設計與課程講解，也找到了自己的職業發展路徑——成為內訓專家。但小王的職業規劃還不夠完美，他還需要為自己設計一個指導自身發展方向的時間軸。比如，1年內的短期職業目標是什麼？3年後的長期職業目標是什麼？甚至必要時還需要明確5年後、8年後更長遠的職業規劃是什麼？這將便於他時刻確認自己的狀態、調整自己的節奏。於是，小王根據自身實際情況，先為自己繪製了3年的職業發展路徑圖（見圖1-7）。

在清晰了自己的職業規劃後，小王對自己的競爭力和職業理想充滿了信心與底氣。

內部晉升路徑

3年後成為初級內訓專家

1年內成為人力資源部高級主管

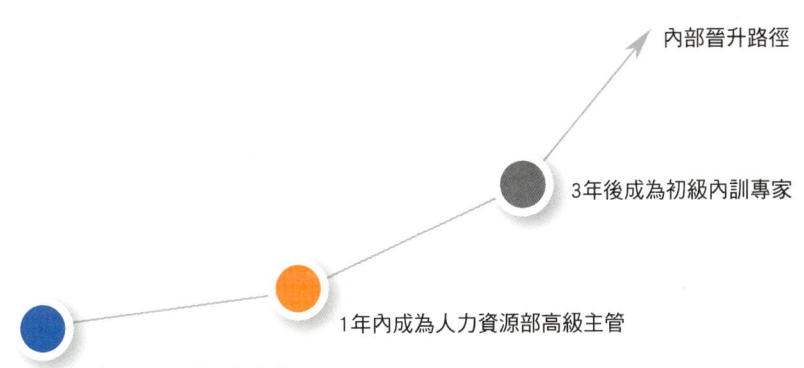

現職位：人力資源部主管

圖1-7　小王的3年職業發展路徑示意

工具總結

「3個圈」作為職場核心競爭力挖掘器，是一款優勢提煉篩選工具（見表1-2），旨在基於現狀瞭解自身的職場核心競爭力，規劃合理且易落地的未來職業發展路徑；在充分挖掘自身優勢的前提下，實現更大的職業理想，打造屬於自己的職場高光時刻。

表1-2 「3個圈」工具操作流程

操作	規則
準備工作	在一張紙上盡可能地列出所有你正在做的以及想要做的工作
畫下第1個圈	在所列出的工作中，圈出對結果有決定權的工作
畫下第2個圈	在所圈出的工作中，圈出自己最擅長的工作
畫下第3個圈	在縱橫職業道路中，圈出協同性最好的路徑

工具 02 履歷準備：「4 拐點」，獲得夢想職位

身為職場人的你，一定期待過可以將自己的職業生涯走成一條成長曲線。可事實上，總是會有各種突如其來的遭遇讓這條線出現波折，讓你不得不調整方向，重新做出選擇。這些職業拐點往往會干擾你的計畫，打亂你的節奏，在你準備迎接新的開始時，新的顧慮就此產生——那些職業生涯的變故應該出現在履歷上嗎？又應該如何出現？

面臨挑戰

你在自己的職業生涯中不可避免會遇到一些變故，這些變故通常會為你帶來以下挑戰。

- 離開供職多年的體制內工作，會不會被認為是「拜金」或「混不下去了」？
- 中途辭職選擇回學校深造，會不會被認為是能力不夠、發展受阻的被迫選擇？

- 不連續的工作時間，會不會被認為是突然失業後的消極待業？

傳統操作

在準備自己的履歷時，你或許做過以下嘗試：

- 刪減掉失敗的工作經歷。
- 尋找獵頭幫助自己進行履歷「包裝」。
- 參加各類面試技巧培訓，提升相關方面的履歷撰寫水準和面試技巧。

當你嘗試過以上這些傳統操作，依然無法讓面試企業感受到你的價值，難以拿到理想的職位，這說明你需要使用新的工具——「4拐點」，助你收穫想要的職位。

解決方案

在職場中，常見的職業拐點主要有4類（見圖1-8）：換跑道、升職位、換身分和升學歷。企業在招聘的過程中通常會十分重視一

工作經歷	2007年-2017年 2017年-2020年 2020年-2021年 2021年至今	**局 A公司 A公司 B公司	**處處長 A部門經理 副總經理 聯席合夥人	換跑道 升職位 換身份
教育經歷	2003年-2007年 2019年-2021年	C大學 D大學	學士學位 MBA	升學歷

圖1-8　4類職業拐點

個人的職業拐點，這些職業生涯中的里程碑事件，可以幫助企業清晰、快速地區別出你的實力與潛能。

由此可見，職業拐點是一把「雙刃劍」，它可以成為助力一個人職業發展的加分項，也會成為阻礙一個人職業發展的扣分項。因此，分情況運用合適的「加分法」激發4個職業拐點的積極效應尤為重要。

1. 換跑道──銳意進取加分法

在「換跑道」這一職業拐點上存在兩種情景，一種情景是離開事業單位進入企業工作，這是從編制內向職業人的轉變；另一種情景是換行業，比如，從教育機構跳槽到網路媒體公司，導致這一職業拐點產生的原因有很多，比如，受行業發展所迫，或者個人興趣發生了轉變，但最容易被他人「認定」的則是你是一個曾經的「失敗者」──你在之前選擇的職業道路上失敗了，只能換個跑道重新開始。

那麼，你應該如何擺脫這種印象呢？

不同的職業經歷對應著不同的個人價值點（見圖1-9）。如果你是剛剛畢業一兩年的職場新人，此時正處於職場探索期的你，職業生涯的規劃還在形成之中，最突出的個人價值點就在於自我探索。因此，你應該在履歷中，尤其是離職原因項中突出自己勇於嘗試、不斷探求的精神。如果你是已經有了多年工作經驗的「職場老手」，換跑道對你而言將是一個難以輕易做出的決定，你需要面對機會與成本之間的抉擇。因此，你應該在履歷中強調自己在成熟之餘依然敢於突破自我的工作履歷。

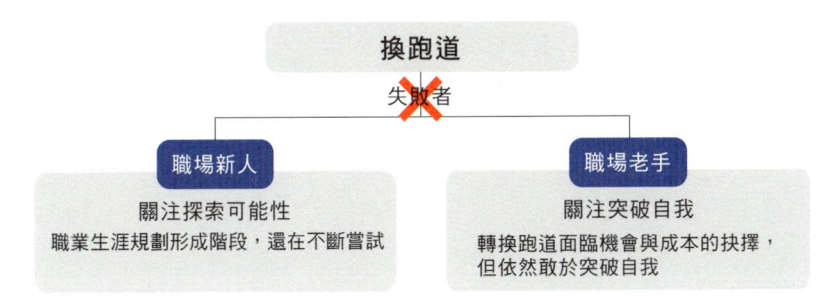

```
                    換跑道
                    失敗者 ✗
        ┌──────────────┴──────────────┐
    職場新人                         職場老手
  關注探索可能性                   關注突破自我
職業生涯規劃形成階段，還在不斷嘗試   轉換跑道面臨機會與成本的抉擇，
                                  但依然敢於突破自我
```

圖 1-9　換跑道的兩種個人價值點

通過圖 1-9，你可以發現這兩種個人價值點實際上最終都聚焦在一個點上——銳意進取。

銳意進取，就是換跑道這一職業拐點的加分項。即便你的確是因為曾經的失敗選擇換跑道，在履歷撰寫時也要突出自己銳意進取的特點。在面試中被對方「打破砂鍋問到底」的時候，如果能積極分享失敗後的反思，展現自己銳意進取的態度，它就不會是你的扣分項，而會為你錦上添花。

此外，失敗與經濟損失、能力缺陷總是息息相關，任何企業都不希望錄用被它們纏身的員工。對失敗經驗的全面總結，能讓企業感受到你的經濟損失與能力缺陷已經在與老東家告別的時候修補完畢，此時的企業自然能欣然接受你。

2. 升職位——主動爭取加分法

這裡的「升職位」是指職業生涯的第一次晉升或跨層級晉升。比如，第一次成為管理者，或從中層管理者升到高層管理者。許多人會認為這是一個加分項，卻沒想到它成了最容易讓面試者印象不

好的扣分項。

因為以常理判斷，一個人在原企業處於職業上升期且發展勢頭良好時，並不容易考慮跳槽，除非他與企業之間發生了「重大變故」，導致其考慮外部機會。企業在看到這樣的求職者時會比較警覺，怕踩到雷，一般會做出相關的試探性提問，比如：「你在原企業發展得很好，為何要換工作呢？」

在往下閱讀之前，你可以先認真思考：面對這個問題時，你將會如何回答？

絕大多數人在面對這一問題時，會給出兩種回答（見圖1-10）。你不妨比較一下自己的答案屬於哪一種，再認真體會哪一種回答的效果更好。

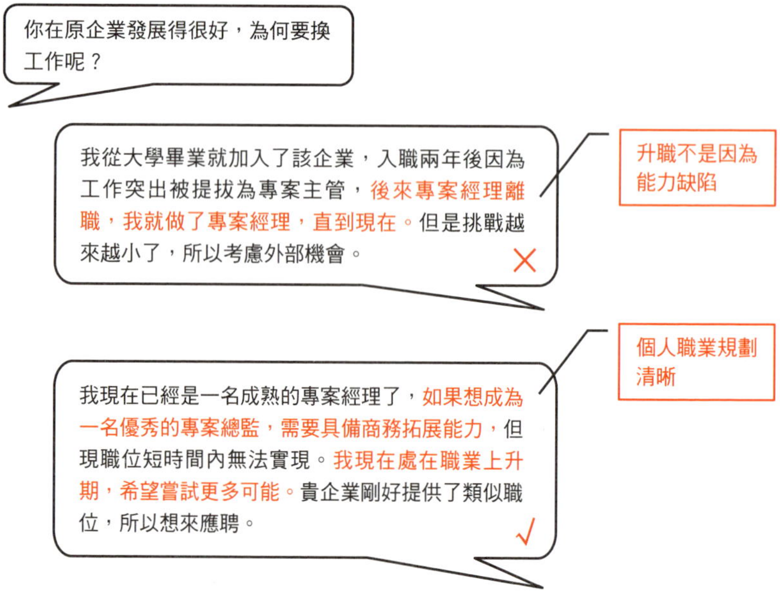

> 你在原企業發展得很好，為何要換工作呢？

> 我從大學畢業就加入了該企業，入職兩年後因為工作突出被提拔為專案主管，後來專案經理離職，我就做了專案經理，直到現在。但是挑戰越來越小了，所以考慮外部機會。 ✗

升職不是因為能力缺陷

> 我現在已經是一名成熟的專案經理了，如果想成為一名優秀的專案總監，需要具備商務拓展能力，但現職位短時間內無法實現。我現在處在職業上升期，希望嘗試更多可能。貴企業剛好提供了類似職位，所以想來應聘。 ✓

個人職業規劃清晰

圖1-10　升職位的兩種回答

此時，如果你將自己帶入企業面試官的角色，面對圖1-10中的兩種回答，你會更願意選擇哪一位求職者？答案顯而易見，你會更願意選擇下面一位求職者。

從兩種回答的狀態可以感知到，上面一位求職者在提及升職拐點時，將自己的升職形容成了「補位」。實際上，能獲得職位的晉升自然與他突出的能力脫不開關係，但他沒有找到這一職業拐點中的加分項，以至於將自己的晉升描述成上一任終於被他「耗走」，於是，他被動地「撿」到了更高的職位，並非靠自己的能力主動爭取。

下面一位求職者的回答則是側重於自己基於個人職業生涯規劃主動出擊，做出了選擇，讓人能明確感受到他不僅能立足當下，更看重未來。**這便是升職的加分項——主動爭取加分法，你需要在面試官前表現出「我現在確實很好，但是我希望能更好」的積極狀態。**

許多專業獵頭都會建議職場人士在自己的職業上升期跳槽，認為這是最佳時機。因為，此時你可以更加全面、深入地分析新職位與新機會是否符合自身的職業生涯發展，可以冷靜、理性地思考新待遇是否符合自身各方面的訴求。在這種深思熟慮之下做出的職業選擇，將加速你的職業發展，新工作的穩定性也會更高，可謂你與企業雙贏。

3. 換身分——「3把錘」加分法

「換身分」這一職業拐點通常有兩種形式，一種是由員工投身創業者行列，從「給別人打工」轉變為「給自己打工」；另一種是

甲乙方身分的轉換，比如，以前是一名諮詢顧問，現在卻跳槽成了企業裡的職業經理人，這便從服務方變成了需求方，實現了甲乙方的身分互換。

企業在看到存在這一職業拐點的履歷時，最擔心的就是「你是否能適應新局面」。如果你的職業生涯正好存在這一拐點，你又該如何打消企業對此的顧慮？此時，你需要讓企業看到，**你有3把能「砸開」新局面的「錘子」，即情緒錘、挑戰錘和解決方案錘（見圖1-11）**，這「3把錘」便是能輕鬆消解對方後顧之憂的加分項。

「情緒錘」可以「砸開」你與面試官的生疏屏障，讓雙方產生共鳴。讓面試官感受你當下的心境，進而產生情感連結，以便於面試官「理解」你。一旦對方能與你共情，便能明白你的行為邏輯，贊同你的選擇，這無疑能起到積極的加分作用。

「挑戰錘」可以「砸開」面試官對於你的環境適應力的顧慮。「換身分」這一職業拐點所面臨的挑戰，無論針對何種形式、何種職業，本質上都具有一定的相似性。簡而言之，相似經歷的成功經驗將能成為當下拐點的有效參考。如果你曾經面臨過類似的職業拐點並且適應得不錯，那麼這樣的經歷就可以從側面證明你的新環境

01	02	03
情緒錘	挑戰錘	解決方案錘

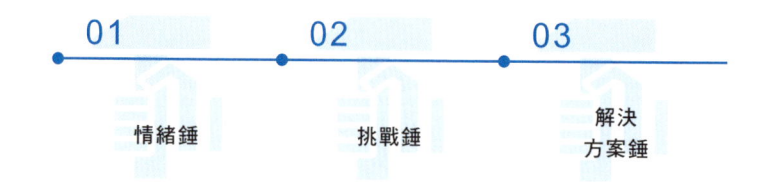

圖1-11 「3把錘」加分法

適應力;如果你不曾在職業生涯遇見過這樣的拐點,不妨回憶一下自己剛離開校園時從學生身分轉變為員工身分的經歷,甚至幫助其他人成功適應新環境的經歷,這些同樣值得參考。

「解決方案錘」可以「砸開」你在企業的薪資支付依據。只有能解決問題的人才是有價值的人,這是職場亙古不變的規矩。對於企業而言,如何給換身分的求職者定價一直是個頭疼的問題,因為這樣的求職者是少數,企業能參考的內部歷史資料往往並不多。所以,根據求職者在上一任職企業的運營發展過程中所解決問題的核心程度來確定薪資待遇,是許多企業普遍採取的一種衡量方式。簡而言之,你在上一任職企業解決過的問題越重要,你在新企業的面試分數就會越高,身價的溢價空間也會升高。

比如,張總打算離開任職10年的諮詢公司,基於個人職業發展考慮,想嘗試轉換身分到甲方公司工作。張總意識到,企業會顧慮自己甲乙方身分轉化的適應度問題,於是,他便在面試中做出了以下分享(見圖1-12)。

「我做出離開諮詢公司這個決定時很<u>猶豫</u>,主要是<u>怕</u>不適應新的工作。好在我具備較強的環境適應能力,因為作為一名顧問,服務客戶都是從完全陌生到逐漸熟悉。<u>諮詢方案的成敗,很大程度上由客戶提供資訊的品質決定,如果對方不能有效配合,諮詢服務就無法推進,甚至有毀約風險。</u>因此,客戶破冰是一名顧問必須掌握的能力。<u>我的破冰方式主要是多看少評論,這保證了我的客戶回款率常年排在公司前三名的位置。</u>」	情緒錘 挑戰錘 解決方案錘

圖1-12 張總分享換身分的經歷

從這段分享不難看出，張總先用「情緒錘」與面試官進行了情感連結，再透過「挑戰錘」主動分享了自己進行客戶破冰工作的經歷，從側面反映自己對於新環境適應的技巧十分瞭解，緊接著透過「解決方案錘」證明了自己在上一任職企業的價值。在「3把錘」的組合運用下，張總不僅能輕鬆打消對方對自己「換身分」的顧慮，還為自己爭取到了更好的身價。

4. 升學歷——高成熟度加分法

近年來，很多職場人選擇返回校園繼續深造，無論再次經歷了全日制還是非全日制的學習，深造後的大部分人都會重新擇業。這時，一個尷尬的情況不請自來：與剛畢業的學生相比，他們是已有多年工作經驗的職場老手，但從職位經驗或行業經歷的維度考慮，他們又與剛畢業的學生無異，都需要從零開始。

那麼，這些再次深造結束的職場人與剛畢業的學生相比，競爭力在哪裡呢？

答案是成熟度。有工作經驗的職場人具備基本的職業成熟度，無須企業培養。員工成熟度之於企業的重要性不容小覷，企業在將學生培養成職場人的過程中，將會耗費高昂的成本培訓他們的職業成熟度，而培訓的成功與否又受許多不確定因素的影響，以至於整個培訓過程就像是一場「賭博」。

因此，**當你經歷了「升學歷」這樣的職業拐點，高成熟度將是你的加分項**。在撰寫履歷時一定要有意識地甄選可以突出你高成熟度的工作履歷。同時，在面試過程中應凸顯你的高成熟度，讓企業意識到你能幫他們節省下高昂的培訓成本，他們將更加樂意選擇

你。

　　除此之外，良好的時間管理能力是所有企業都十分重視的能力，因為這直接影響一個人的工作效率。現階段許多工作都在多執行緒並軌式情境下推進，如果沒有優秀的時間管理能力，就很難高品質地完成工作。良好的時間管理能力同樣也是高成熟度的人更易具備的能力。如果你有半工半讀的深造經歷，能在完成本職工作的情況下順利畢業，將能證明你具備優秀的時間管理能力。若你同時還是孩子的家長，這份證明將更有力度。

工具總結

　　「4拐點」是一款履歷亮點提煉工具（見表1-3），旨在針對不同的職業拐點聚焦不同的加分項，在規避誤會的同時確保履歷有足夠的亮點，幫助你獲得夢想職位。

表1-3　「4拐點」的加分項和附加分項清單

拐點	加分項	附加分項
換跑道	銳意進取	失敗後的反思
升職位	主動爭取	我現在確實很好，但是希望更好
換身分	「3把錘」	解決重大問題
升學歷	高成熟度	時間管理能力強

工具 03 面試技巧：「昨日重現法」，證明絕對價值

在你利用亮眼的履歷順利通過企業人力資源部門的初面之後，用人部門的複試挑戰接踵而至。與初面對基礎技能與個人經歷的關注不同，複試更看重一個人在應聘職位相關技能上的經驗與能力。因此，通常求職者都會在面試時向面試官分享一段過往經驗，以便對方考察自己從業資歷的真實性。可許多人都沒有意識到，這一分享行為往往恰巧是自己面試失敗的原因。

面臨挑戰

雖然你向面試官分享過往經驗是為了提升自身資歷的真實性，但總是擺脫不了以下反效果的挑戰。

- 泛泛而談，沒有邏輯性，真實性存疑。
- 想說的很多，但沒有主次，對方認為你只是看過但沒實際經驗。
- 由於緊張導致表達混亂，聽的人感到雲裡霧裡，不知所云。

傳統操作

為了避免在面試環節出現上述難題,你已經做過以下嘗試:

- 盡可能詳盡描述工作經歷的細節。
- 提前精心準備一段過往經歷分享。
- 準備一些書面材料作為證明,供對方瞭解。

當你嘗試過以上這些傳統操作,依然無法讓面試的企業從過往經歷中感受到你的價值,難以讓過去的成績賦能現在的自己,這說明你需要使用新的工具——「昨日重現法」,助你證明自身價值。

解決方案

企業之所以在看過你的履歷之後仍然需要透過面試深入瞭解你的過往經歷,正是為了驗證你所展示的經歷是否真實可靠。因為履歷內容可以任意編寫,而你的經歷是否真實,一問便知。可見,在面試的過程中凸顯自身昔日戰績的真實性是提升面試成功率的關鍵之一。「昨日重現法」透過4個方向可加強求職者面試表述的真實性。

方向1:昨日歷史

求職者需清晰闡述某段經歷發生的歷史背景。

這裡的歷史背景包含6種細節(見圖1-13),其中時間、角色、起因為描述類資訊,即需要進行客觀描述的資訊;地點、結

果、困難為「美化」類資訊,即可以在描述時進行適度「美化」的資訊。

那麼,在描述某段經歷的過程中,這6種歷史背景細節資訊具體又包含哪些內容呢?

(1) **時間**

即某段經歷發生的具體時間。

(2) **角色**

即你在某段經歷中扮演怎樣的角色,是執行者還是管理者。大部分求職者都會在這一背景資訊上花小心思,認為拔高自己有利於通過面試,卻反而因為故作聰明的舉動導致自己遭受質疑。事實上,面試官往往經驗豐富,他們能從求職者的三言兩語及聲行狀態判斷對方是否真的任其職、行其事,實事求是才是最佳選擇。

```
┌─ 描述類信息 ─────────────┐
│   1              2       │
│  時間            角色     │
│                          │
│   3              4       │
│  起因            地點     │
│                          │
│   5              6       │
│  結果            困難     │
└─────────── 「美化」類信息 ┘
```

圖1-13　6種歷史背景細節資訊

(3) 起因

即引發某段經歷的緣由。某段經歷可能是由某個挑戰引起的，也可能是為了解決某個問題或滿足某種需求，據實相告即可。

(4) 地點

即某段經歷發生的地點或範圍，你可以透過橫向擴大範圍「美化」該資訊點。

(5) 結果

即某段經歷對你曾任職企業的影響。這個影響結果在描述過程中要進行必要的「美化」說明，透過盡可能細緻的量化內容提升工作經歷的價值（見圖1-14）。

> 直接描述：為公司解決了一個財務糾紛
> 「美化」描述：為公司挽回直接經濟損失＊＊元，間接經濟損失＊＊元

圖1-14　結果的兩種描述

上圖中分別展示了兩種對於結果的描述方式：直接描述和「美化」描述。比較後不難發現，「美化」描述中量化的細節不僅讓整件事有據可循，說服力大增，而且相較於直接描述，「美化」描述更能體現該經歷中財務糾紛對於企業的影響，這對於強化自身價值有極大的幫助。

(6) 困難

即你在某段經歷中所遇到的阻礙。在進行此部分表述時，你需要將自己曾面臨過的不同阻礙表達清楚，充分展現自己的問題解決能力。比如，你在向面試官描述某項具有挑戰性的工作時，除了工

作本身的困難外,還可以補充描述你在人際關係或者利益分配產生衝突時的困難。這將升級你所面臨阻礙的難度,比起解決單一難度的阻礙,能順利解決複雜的高難度阻礙,顯然更容易贏得面試官的認可。

方向2:昨日反思

反思基於個人經歷的「三做」。

許多面試官都會在求職者描述完過往經歷後,跟進這樣一個問題:「你在這段經歷裡有什麼收穫?」常見的回答基本都是對成功經驗或失敗經驗的總結。但多數求職者都不會在這一話題上深聊,尤其會擔心在失敗經驗上「大談特談」將過度強調自身缺陷,以至於為自己的面試扣分。可正是因為這種顧慮與迴避,容易讓企業誤會你以後會重蹈覆轍,這才是真正的扣分行為。

那麼,你應該如何回答此類經驗收穫問題呢?

透過反思「三做」,你可以基於自己想要描述的經歷,詳細從自己決定開始做什麼、停止做什麼、繼續做什麼3個方面回答(見圖1-15)。

比如,你在向面試官講述一段因為沒有提前做好時間規劃導致工作延期交付的經歷時,可以這樣進行總結:「**基於這段經驗,我決定開始系統化設計工作時間表,明確里程碑時間;停止做分項工作的時間計畫,因為遇到多執行緒工作時,單項之間很可能會有衝突;繼續做好事前時間管理工作,我感覺管理好時間就能提升效率和效果,這是非常有利於工作完成的。**」

上述例子看似在分享一段失敗的經歷,但實際是在重點強調失

基於這段經歷，我決定
- 開始做什麼
- 停止做什麼
- 繼續做什麼

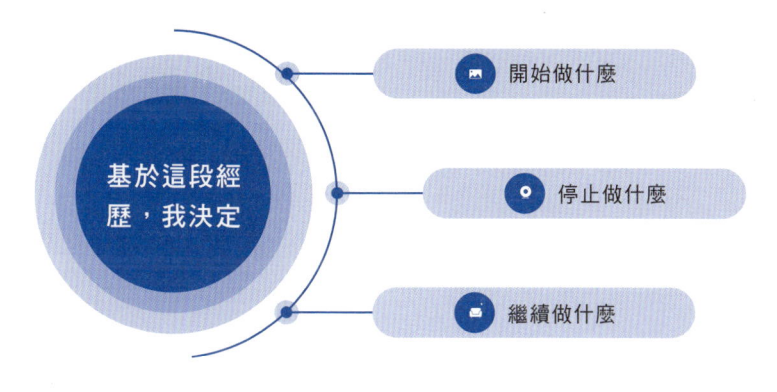

圖1-15　反思「三做」

敗後的反思與收穫。在這樣一段描述中，面試官的注意力從對工作問題的定性，轉移到了瞭解你是如何分析問題、解決問題、改進方案等行動之上。

正所謂失敗是成功之母，許多成功都建立在對失敗的反思以及後續的查漏補缺之上，企業甄選人才時擔心的不是你曾經的失敗，而是你是否會一敗再敗。一個能從失敗的經歷中總結經驗，並且做出有價值的改進的人，不僅不會被企業「否認」，還能獲得更高的認可，提升面試成功率。

方向3：重現體驗

讓面試官「感同身受」。

讓面試官對你的經歷「感同身受」，可以大幅提升自己過往經歷的可信度。要做到這一點，你需要讓對方在傾聽你的描述時有畫面感。具體方式為調動對方的五感：聽覺、視覺、味覺、觸覺與嗅

覺。比如下述重現體驗的例子。

普通版：客戶對我的工作認可讓我很高興。

「感同身受」版：當我聽到客戶感嘆所交付的產品解決了他們的大問題時，我覺得一切付出都是值得的。

在這個例子中，普通版相比「感同身受」版，不僅誠意略顯單薄，感染力也不強。純粹的文字很難直接傳遞情緒，而畫面卻可以做到，「感同身受」版的描述方式正是在透過文字向對方還原畫面，於是便實現了讓面試官「感同身受」的效果。「感同身受」的描述公式如圖1-16所示。

當聽到／看到／嚐到／摸到／聞到……時，我覺得……
五感

圖1-16 「感同身受」描述公式

方向4：重現經歷

導覽式經歷介紹。

既然面試是回顧過往經歷，那麼其核心內容自然是具體的事件，你需要做到全面闡述、重點突出，以便面試官充分瞭解你的「昔日戰績」，最大限度地整合展示自身優勢，提升面試成功率。

如果將這一過程看作導遊帶領遊客參觀名勝古蹟，你的「昔日戰績」就是重要景點，而你本人則是負責帶領面試官這樣的遊客參觀景區的導遊。當遊客來到景區時，導遊要先帶領遊客進行景區概

覽，即你首先應該帶領面試官對你進行經歷概覽。向對方清晰介紹某段經歷中整體的工作流程與策略，以及你整合了哪些系統能力實現目標。接下來是導遊向遊客介紹核心景點的時間，這意味在面試官對你的經歷概覽結束後，你應該選出最能體現自身價值的經歷進行重點介紹，並且讓面試官意識到這段內容是核心。

如何讓面試官明確感知此時的內容是核心呢？你需要在分享時進行語言上的明示與強調。比如，表示「這個是關鍵」「這裡是重點」「這就是核心」等（見圖1-17），以確保面試官的注意力與你保持同一節奏。

至此，「昨日重現法」涉及的4個方向均介紹完畢。雖然面試時間有限，但你仍然應該爭取在面試中盡力涉及4個方向的內容。

景區概覽

① 經歷概覽
● 整體的工作流程
● 整體的工作策略
● 整合的系統能力

② 核心經歷明示
● 這個是關鍵！
● 這裡是重點！
● 這就是核心！

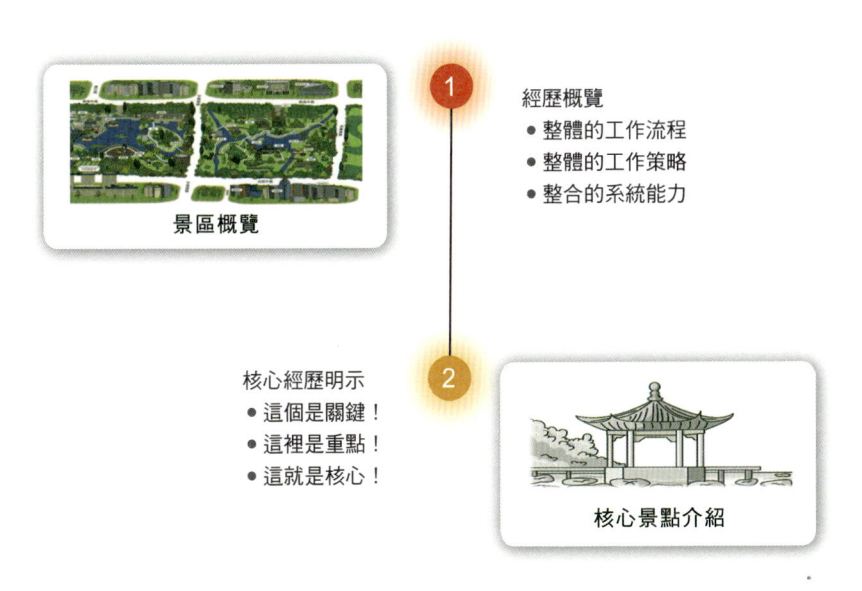

核心景點介紹

圖1-17　導覽式經歷介紹

因為空有歷史背景沒有提煉反思的經歷，難以使你得到價值上的昇華；只有個人感受沒有經歷重現，則無法證明你有勝任新工作的能力……只有透過「昨日重現法」的4個方向，向面試官全方位展現你的經歷，才能讓對方看清你的能力與個人價值。

工具總結

「昨日重現法」是一款資訊分享工具（見圖1-18），旨在透過個人經歷展示，讓面試官瞭解你真正的價值，進而認可你的能力，幫助你順利通過面試，獲得夢想職位。

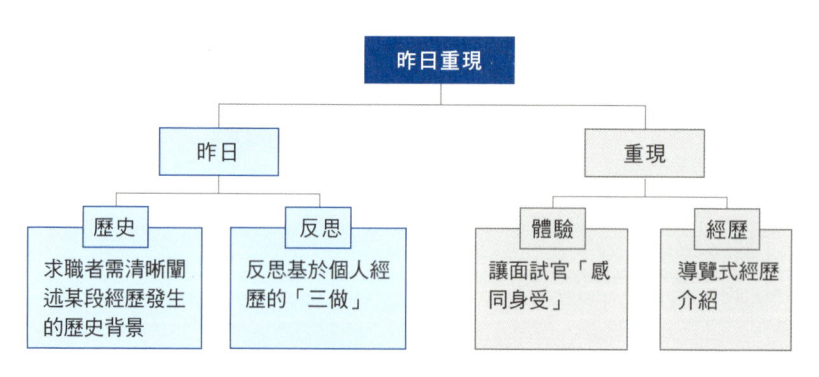

```
                    昨日重現
           ┌───────────┴───────────┐
          昨日                    重現
       ┌───┴───┐              ┌───┴───┐
      歷史    反思            體驗    經歷
   求職者需清晰闡  反思基於個人經  讓面試官「感  導覽式經歷
   述某段經歷發生  歷的「三做」    同身受」     介紹
   的歷史背景
```

圖1-18 「昨日重現法」4個方向

工具 04　職位選擇：「探照鏡」，照出夢想職位

　　由於客觀存在的資訊不對稱、有效資訊傳播不暢等現況，許多人在求職過程中或許會遇到「濾鏡」效應，即面試時對企業的瞭解與判斷，和入職一段時間後的結論「天差地別」。這導致許多人在職場中被迫成為「匆匆過客」，難以在一處久留。頻繁的跳槽無疑會影響到職場人的職業發展。那麼，如何讓自己的工作安定下來呢？解決這個問題，一定要從源頭抓起——你在面試階段不能僅僅關注面試職位的待遇，而應該第一時間深入探查、評判眼前的企業是否適合你的長期發展。

面臨挑戰

　　因為你的面試過程好像在透過一層「濾鏡」看企業，這層「濾鏡」很有可能美化、掩蓋了許多你本不認可的資訊，這樣的顧慮導致你在面試時總會面對以下挑戰。

- 總覺得面試官在套你的話，並不是真的想招聘。
- 總覺得資訊不對稱，對於新機會猶豫不決，錯失良機。
- 希望能從更多管道瞭解企業，卻苦於資源有限。

傳統操作

在準備面試時，為了去掉「濾鏡」，你已經做過以下嘗試：

- 向對方企業員工和獵頭打聽企業相關資訊。
- 在網上搜索關於這家企業的各種資訊。
- 購買相關書籍或培訓，不斷提升環境適應力。

當你嘗試過這些傳統操作，依然無法全面瞭解企業，因不適應所致的頻繁跳槽仍然在你身上頻頻發生，這說明你需要新的工具──「探照鏡」，為你提供幫助。

解決方案

所謂「探照鏡」，就是幫助你打破那層朦朧的「濾鏡」，照出企業「真面目」的工具。通常情況下，為你定位夢想職位的「探照」工作分別由內驅力、自控力及學習力3面「探照鏡」完成（見圖1-19）。

在這3面「探照鏡」的幫助下，你將更容易真實瞭解面前的企業是否符合自身訴求。

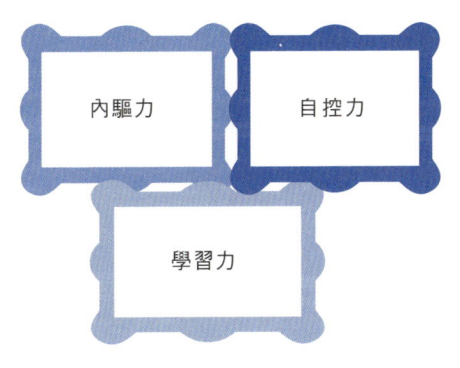

圖 1-19　夢想職位「探照鏡」

1. 內驅力照出企業真實績效風格

人只有具備自我驅動的能力，才能達成目標，企業也是如此。由於訴求的不同，內驅力分為3類（見圖1-20）。對於企業而言，不同的內驅力造就了不同的績效風格。通常情況下，只有企業的績效風格令你認可，讓你滿意，你才能在該企業找到公平感，有了公平感才能讓你放心地在這家企業工作，發揮出最大的自我價值。

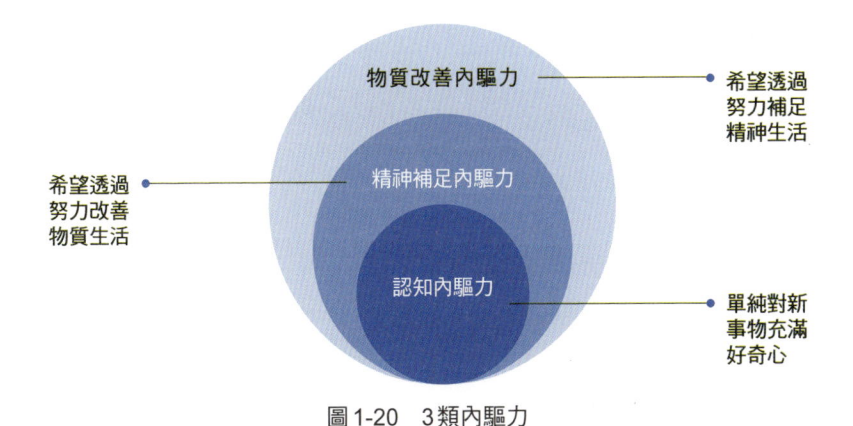

圖 1-20　3類內驅力

但是，你很難在面試過程中準確判斷一家企業的績效風格，可企業會在面試時簡單介紹自己的激勵機制，也就是企業的核心內驅力，此時你可以靠內驅力照出該企業的真實績效風格。

(1) 物質改善內驅力

這是最基礎的一種內驅力，即**為了獲得更好的物質生活而產生的內驅力**。比如，企業以獲得更高的物質報酬激勵員工拿出更好的成績，多勞多得。這也是許多企業，尤其是浮動收入佔比較高的企業的核心內驅力。

僅有此類內驅力的企業，真實績效風格「簡單直接」，能力成果與物質回報是一切，能很好地滿足你的物質需求，但缺乏對你潛能的挖掘以及資質的培養。如果你也是單純依靠物質改善內驅力的人，那麼該類企業很適合你。

(2) 精神補足內驅力

對於一些高階職位或智力、資本密集型的企業而言，單純由物質改善內驅力創造的成績與效果，並不是它們最終的追求，它們通常會同步啟動第二類內驅力，即**以獲得權力或成就感等精神補足收益而觸發的內驅力──精神補足內驅力**。

在專業門檻較高的行業眼中，精神層面的補足比物質改善更重要，此時驅動力的動力源逐步從事向人過渡。比如，企業會注重對員工進行上司力的培養，關心員工職業生涯的良性發展，在物質獎勵以外增加員工心理健康管理服務、公費培訓等，這些精神激勵都是為了補足精神生活上的訴求。

顯然，具備此類內驅力的企業真實績效風格不再僅局限於員工的已有成績，更注重他們的潛力與前景，也更關心每一位員工的精

神健康。如果你追求更深入的認同感、更長遠的發展，以及精神世界的富足，這類企業才是你的最優選。但這裡有個隱含的前提條件，就是此時你已經擁有了一定的經濟基礎，只有物質需求被滿足了，你對精神需求的考慮才有意義。

(3) 認知內驅力

最後一類內驅力是**認知內驅力，這是人類最原始、本質的驅動力，即單純因為好奇心去做一件事。**

如今的職場存在一個怪圈，有一部分執著於以興趣愛好作為職業的人，即便他們對報酬與個人晉升沒有過高的要求與迫切的追求，還是很難找到合適的工作。究其原因，無非是願意投入精力與成本激勵員工好奇心的企業實在太少——這樣的選擇很難在短時間內幫助企業變現，除非是擁有巨大資金儲備的企業，否則往往還沒「跑到位」就瀕臨破產。

如果你想要做自己感興趣的事情，不願意自己的能力及正在做的事情完全由即時變現效果定義，希望自己的好奇心與興趣點被重視，那麼，最能讓你在工作中體驗到樂趣與自我價值的企業就是具備認知內驅力的企業。這樣的企業會擁有令你滿意的績效風格，而往往這樣的企業都有一個共性，即資本雄厚，否則企業很難持續為員工的好奇心「買單」。

2. 自控力照出真實企業底線

你或許也曾擔憂過自己所面試的企業是否有底線——一家做事沒有底線的企業，不僅會損害自己的職業形象，甚至還會對自己未來的職業發展帶來不良影響。可是，你又該如何識別一家企業的底

線呢？此時，你只需要花些功夫觀察這家企業員工的自控力即可。通常來說，自控力可以被分為4類（見圖1-21），而自控力便是照出企業底線的「探照鏡」。

- 意志自控力
  對於努力拚搏的自我堅持能力
- 欲望自控力
  對於個人欲望的自我約束能力
- 情緒自控力
  對於自身情緒表現的控制能力
- 物質自控力
  對於物質追求的自我克制能力

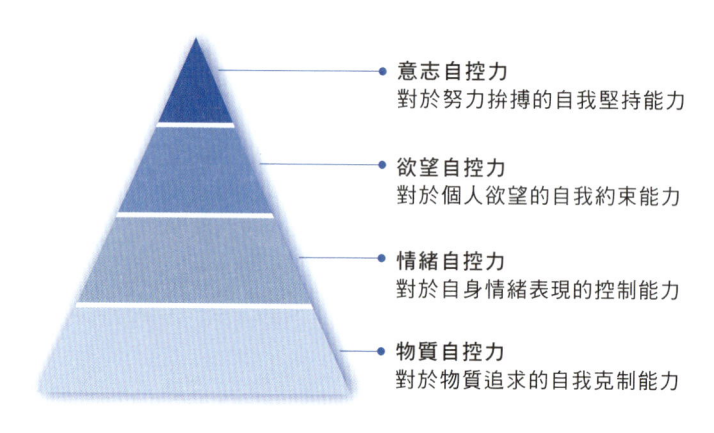

圖1-21　4類自控力

上圖中的4類自控力由下至上難度逐漸加大。

(1) **最基礎的物質自控力是對於物質追求的自我克制能力**。企業如果存在貪腐問題，則是連最基礎的自控力都不具備。那麼，該企業則幾乎毫無底線。反之，如果企業只能監督員工的物質自控力，則意味著該企業的底線處於**最低級**。

(2) **情緒自控力是對於自身情緒表現的控制能力**。這一點主要表現為是否有員工總是不分場合地表現出歇斯底里的狀態，助長此類行為發生的企業情緒自控力較差，企業底線較低。如果企業不存在物質自控力的麻煩，卻僅能監督員工的情緒自控力，則意味著該企業的底線處於**次低級**。

(3) **欲望自控力是對於個人欲望的自我約束能力**。觀察該企業被評價為「很自私」的員工是否很多，如果是，說明該企業的欲望自控力較差。如果一家企業不存在前兩個問題，而在這一問題上處理得不錯，則意味著該企業的底線處於**次高級**。

(4) **意志自控力是對於努力拚搏的自我堅持能力，主要指面對逆境能否自我堅持**。企業中的員工如果不再被前3種自控力問題干擾，集中精力在思考和鍛鍊意志自控力，則意味著該企業的底線處於**最高級**。

身為求職者的你，最理想的狀態不是直接登頂達到最高級，而是找到一家員工自控力層次高你一層的企業，這樣會更有助於你適應工作且有效促進未來職業發展。

以銷售員阿坤為例，他原則性極強，對於「拿回扣」現象深惡痛絕，堅決不做有損於企業集體利益的事情。但他的情緒控制能力較薄弱，該自控力對應的是最低級的底線。因此，最適合阿坤的企業應該是一家底線處於次低級的企業，即員工擁有情緒自控力的企業。如此一來，阿坤不僅能保證自己可以在任職期間守住底線，還能同時學習如何進行情緒自控，幫助自己未來的發展更上一層。

3. 學習力照出企業真實工作風格

許多企業在面試時都會強調自己一直在擁抱創新，可是當你滿懷希望地入職後，卻發現這不過是個虛假的噱頭。那麼，身為求職者的你究竟該如何探知到企業真實的工作風格呢？

這一次，你只需觀察面試官是如何對你進行面試的，便能相對準確地判斷企業的真實工作風格。此時能夠幫助你的就是學習力這

面「探照鏡」。面試官透過面試瞭解你的過程，事實上也是一段學習新資訊的過程，擁有不同學習力的面試官會在這一過程中表現出不同的關注方式（見圖1-22）。

為什麼透過面試場景就能預判企業員工的學習力？這是因為獲取新資訊並及時處理與回饋是工作中非常普遍的一個場景，並且一個人在該場景中的資訊獲取模式由其學習習慣決定。因此，行為表現是相對穩定的。面試場景可以成為你判斷該企業員工學習力的依據，並且學習力也能側面反映該企業的工作風格。

	做了再說	三思後行
實操多	敢於創新，不按常理出牌 1	經驗復刻，完全按照過往經驗按部就班地行動 3
看書多	追根究底，首先要明確目的和意義才會行動 2	善於分析，對資訊全面瞭解後才會行動 4

圖1-22　學習力矩陣

如上圖所示，新資訊的獲取方式主要分為縱向的「實操」與「看書」兩種，表現在面試場景中則主要對應「問題類型豐富、全面，不局限於個人履歷與職位要求」與「問題主要集中在對個人履歷中提及的資訊與職位要求的深挖」兩種情況。對於新資訊的處理

態度主要分為橫向的「做了再說」和「三思後行」兩種，其與縱向的資訊獲取方式形成的學習力矩陣中所描述的工作風格，即能體現面試場景中所對應的面試官表現。

如果面試官在面試過程中總是不按常理出牌，那麼他很可能是擁有第1類學習力的實幹型創新者，該企業的工作風格也可能如此；如果面試官總喜歡問「為什麼」，並且提出的是諸如目的或意義類的問題，那麼他可能是一位偏向第2類學習力的刨根問底者，該企業的工作風格也很可能如此；如果面試官對你相關從業經驗的關注度大於對你專業資質的關注度，並且對於你做過什麼項目十分感興趣，那麼他可能擁有第3類學習力，是個按部就班與循規蹈矩者，該企業的工作風格也可能如此；如果面試官喜歡基於你的履歷內容進行深度提問且問題之間有一定邏輯順序，那麼他可能是一位善於分析的第4類學習力擁有者，該企業的工作風格也可能如此。

這4類學習力所代表的工作風格並沒有高低好壞之分，你只需要考慮它是否與自己的工作習慣相適配。正所謂人以群分，當你與企業的工作風格相似、相同時，你可以更快速地適應新環境，你的職場之路也會走得更加順暢。因此，你可以先根據學習力矩陣找到自己的學習力類型，明確自己的工作風格，然後根據對方在面試場景中所表現出來的學習力類型判斷該企業的工作風格。其中，最難配合的是處於對角線上的兩種學習力類型，即第1類學習力的人很難與第4類學習力的人共事，第2類學習力的人很難與第3類學習力的人共事。

工具總結

「探照鏡」是一款職位適配度區別工具（見表1-4），旨在照出真實的企業情況，確保求職者在面試時對於意向企業有一個較為客觀的瞭解，再根據自身特點和訴求進行理性選擇，確保「越跳越高」。

表1-4 「探照鏡」工具應用情況

探照鏡	目的	「探照「技巧
內驅力	照出企業真實績效風格	自我驅動力要與企業激勵機制的核心主張一致，才能獲得「雙贏」的結局
自控力	照出真實企業底線	找到一家在你的自控力層次之上的企業，這樣適應性會更好且未來發展也會更順暢
學習力	照出企業真實工作風格	運用學習力矩陣找到與自己適配的工作夥伴

工具 05 內部競聘:「5 點清單」,備戰組織競聘

近年來,越來越多的企業意識到從內部選聘的性價比要遠高於從外部招募,因為組織內的老員工更瞭解企業,即便面對新職位也會有較強的適應性。所以,內部競聘是企業針對崗位補充員工或考慮員工晉升的有效手段。當你有競聘需求時,就要開始為組織內競聘準備相關資料,與之相關的挑戰也接踵而來。

面臨挑戰

相比跳槽,如果你選擇參與內部選聘,自己往往會做更充分的準備,因為每個人都不願意在「熟人」面前失敗,可最終的結果卻事與願違,讓你深陷以下挑戰。

- 競聘方案沒有競爭力,沒有抓住競聘職位的痛點問題,導致最終失敗。
- 由於對競聘職位情況不瞭解,所以競選方案不具落地性,導致最終失敗。

- 由於不善於宣講，無法抓住面試官的注意力，導致最終失敗。

傳統操作

在備戰競聘時，你也許做過以下嘗試：

- 解析現實問題，給出解決方案。
- 規劃到職後的工作計畫和步驟。
- 系統瞭解競聘職位各方面的資訊。

當你嘗試過以上這些傳統操作，依然無法保證自己可以獲勝，這說明你需要使用新的工具──「5點清單」，幫你做好充足的競聘資料準備。

解決方案

準備競聘資料可分為兩步，在這兩步裡你應該重點關注5點。首先是第一步──內容準備，即競聘方案的主體，你需要從痛點、爽點及重點著手；其次是第二步──形式選擇，即競聘時對臨場表達的設計，你需要從切點和亮點著手。通常情況下，只要先依照這5點列出清單，就能輕鬆完成內部競聘資料的準備。

1. 內容要抓住痛點

企業的內部競聘都會讓你圍繞某些管理問題給出解決方案，以此區別你與需求職位的匹配度。而在這一環節中第一個被拋出的問題就是：**都是哪裡出現了問題？** 在思考這一問題的答案時，你一定要抓住5處痛點進行全面考量（見圖1-23）。

```
                    ┌─────────────────┐
                    │    抓住痛點      │
                    │ (都是哪裡出現了問題) │
                    └─────────────────┘
     ┌──────────┬──────────┼──────────┬──────────┐
    01         02         03         04         05
  行業問題     客戶問題    流程問題    管理問題    突發問題
```

圖1-23　抓住5處痛點

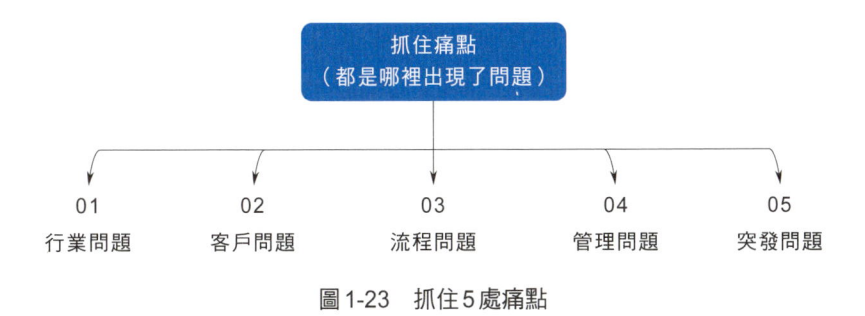

第1處痛點是行業問題，即**行業趨勢問題或監管問題**。有許多企業陷入困境甚至「銷聲匿跡」，並非由企業自身的個例問題導致，而是因為在經歷整個行業的興衰。所以在分析問題時，你一定要結合外部環境，關注整個行業的發展情況，以確保自己能準確把控全域。

第2處痛點是客戶問題。客戶一直是以盈利為目的的企業最為關注的對象，許多業務與管理上的問題都與客戶有著千絲萬縷的聯繫。因此，企業中不僅是前台職位需要關注客戶，中台與後台職位也需要具有客戶思維，這樣才能更好地為前台提供讓客戶滿意的支援服務。當你抓痛點懂得思考客戶問題時，你的競聘成功率無疑又會有一個大提升。

第3處痛點是流程問題。有時企業的問題會出現在內部組織上。比如，服務流程過長或管理流程混亂。無論是流程混亂、流程缺失還是流程過多，內部組織的任何一種流程問題，都會成為影響工作效率、制約企業發展的關鍵因素。因此，你在做問題分析時不可繞開相關問題。

第4處痛點是管理問題。如果說流程問題是聚焦各種硬性制度

的建設，那麼管理問題就是關注軟性規則的習慣培養。比如，責任、權力、利益的分配，團隊的分工協作，企業的文化搭建等，這些規則是企業永續經營的重要助力。

第5處痛點是突發問題。比如，供應商突然斷供、疫情來襲、突發洪災等，當這些問題驟然而至，企業應該如何減少自己的損失？這一定是許多企業都有興趣瞭解的問題。因此，你在準備痛點問題的時候也應加入對該問題的思考。但需要注意的是，這一類問題具有較強的時效性，只有「與時俱進」的思考才更有價值與吸引力。

為了確保競聘資料能牢抓痛點，你可以多點結合，以不少於3個問題的角度進行痛點分析，以增加競聘資料的吸引力，提升競聘成功率。

2. 內容要挖掘爽點

當你為企業發現問題後，比解決問題要先一步討論的就是企業解決該問題的價值點在哪裡。這一過程其實就是幫助企業挖掘爽點的過程，你需要讓企業知道該問題先於其他問題被解決的必要性。

那麼，你應該從哪些方面凸顯這一必要性呢？通常來說，你可以挖掘5處爽點為企業展現解決某一問題的價值點（見圖1-24）。

以銷售員阿坤為例，近期企業內部進行了銷售經理的競聘，並給出了相關試題：希望所有競聘者針對企業受疫情影響導致業績下滑的現況，提出解決方案。阿坤認為應該首先解決管道問題，做好個人用戶端的下沉工作，即增添2C業務，並挖掘5處爽點解決該問題（見圖1-25）。

```
                挖掘爽點
            （解決問題的價值點）
```

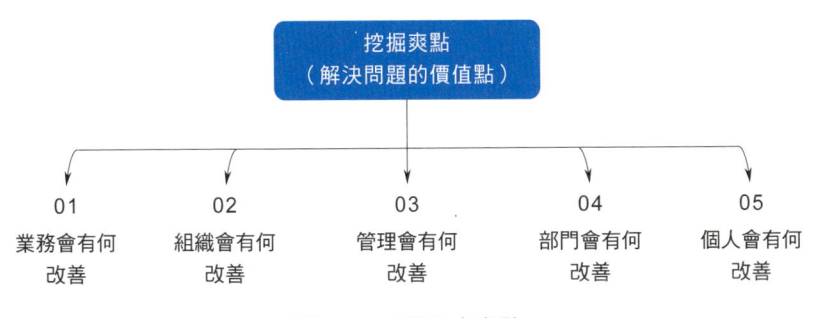

01	02	03	04	05
業務會有何改善	組織會有何改善	管理會有何改善	部門會有何改善	個人會有何改善

圖1-24　挖掘5處爽點

```
                挖掘爽點
             （增添2C業務）
```

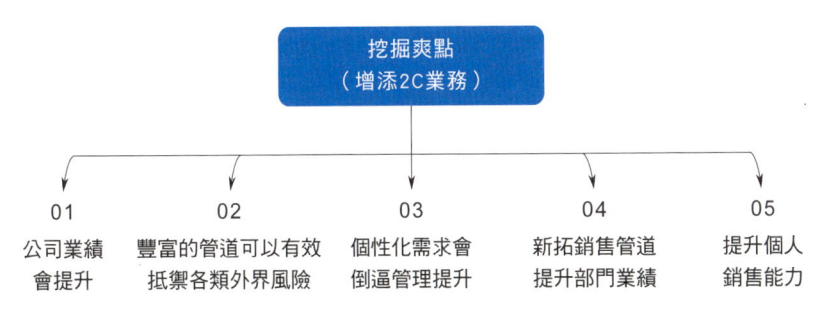

01	02	03	04	05
公司業績會提升	豐富的管道可以有效抵禦各類外界風險	個性化需求會倒逼管理提升	新拓銷售管道提升部門業績	提升個人銷售能力

圖1-25　挖掘爽點示例

　　從上圖可以看出，阿坤基於該問題挖掘出的5項「提升」，優勢充分且範圍周全，清晰展現了解決該問題的爽點，即能為企業帶來的價值點。經過這番爽點挖掘，該問題的含金量直線上升，雖然落地性還有待探討，但如此縝密詳實的思考邏輯，顯然足以贏得面試官的青睞與重視。

3. 內容要明晰重點

　　透過前面的兩點，你已經將競聘資料的內容部分處理得較為完

善，只需要順勢給出具體的解決方案即可。但需要注意的是，你向面試官給出解決方案，應該針對核心問題，方案不求數量，至多不超過3條，但應求品質與精準度。簡而言之，你要在自己構想的方案中篩選出最能應對核心問題的方案，讓面試官能第一時間看到方案的重點，這同樣也是你能力的重點。

4. 形式要設計切點

在競聘資料的內容部分準備完畢後，你的競聘過程已走過了一半，另外一半的進度即你對競聘流程的臨場設計。這裡尤為重要的環節就是開場部分，只有在開場就緊抓面試官的注意力，才能讓你的所有競聘表現擁有更加充分的展示效果。

那麼，你應該如何在開場進行吸睛的有效切入呢？通常情況下，有5類切點設計可供選擇（見圖1-26）。

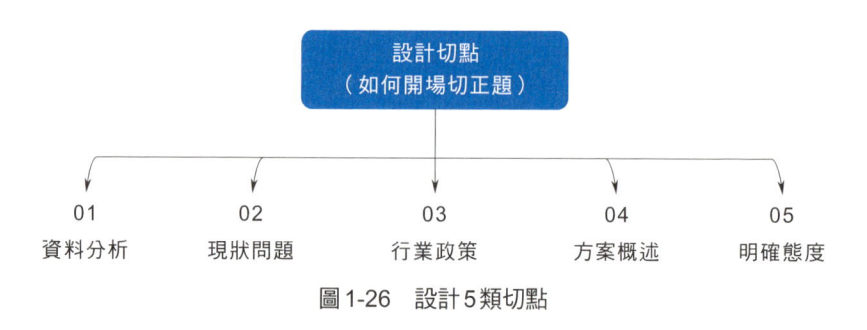

```
            設計切點
       （如何開場切正題）
    ┌────┬────┬────┬────┐
   01   02   03   04   05
 資料分析 現狀問題 行業政策 方案概述 明確態度
```

圖 1-26　設計 5 類切點

以阿坤提出的增添2C業務管道為例。開場時，阿坤選擇從資料分析切入，向面試官展示出企業業績在2024年已經同比下降了40%。為了凸顯資料的變化，阿坤還在競聘PPT中增加了一張展現資料的柱狀圖（見圖1-27）。

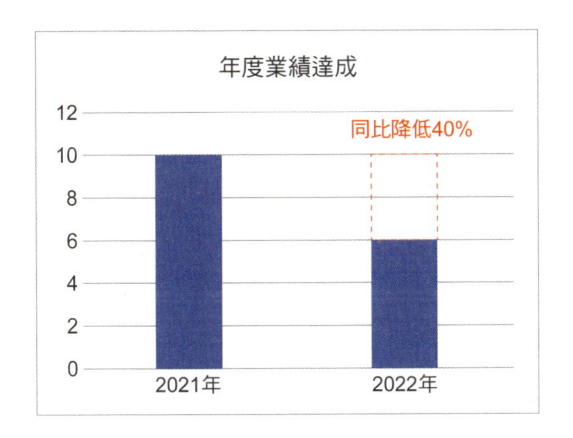

圖 1-27　設計切入點示例

　　如果阿坤單純介紹2024年的業績有下降，這個開場便會顯得無甚力度。但當阿坤將具體的資料分析呈現出來，尤其是透過圖表的形式凸顯資料的變化時，話題的感染力與穿透力便發生了改變，這樣的開場顯然能第一時間吸睛。

　　除此之外，你還可以選擇做典型的現狀問題分析、行業政策分析，以此為背景提升問題解決的迫切程度和重要程度，確保面試官的注意力集中在解決方案上。

　　如果是問題明晰且主要需要你提供解決方案的競聘，可以從方案概述直切主題。可先用一句話簡單介紹自己的方案，比如「針對現在業績下滑的問題，我的解決方案是開拓新管道，向下游延伸提升市場掌控度」。又或者，你可以表達執行的決心，以明確態度的角度切入主題，讓面試官看到你的立場，讓你給出的方案更鮮明。

　　你需要為你的競聘面試設計至少兩種不同切入點的開場，以便現場視情況靈活調整。如果你的競聘只涉及書面內容的提交，不需

要面試，則可運用後文將描述的「3盞聚光燈」（詳見工具18）與「開門見喜」（詳見工具24）兩個工具進行書面內容的開頭撰寫。

5. 形式要製造亮點

利用開場的切入設計將面試官的注意力吸引過來並不算勝利，能保持住這份關注度才算成功。如何才能保證面試官在你面前不分神？這就需要你在面試過程中適度製造亮點，確保面試官的注意力能跟著你的思路走（見圖1-28）。

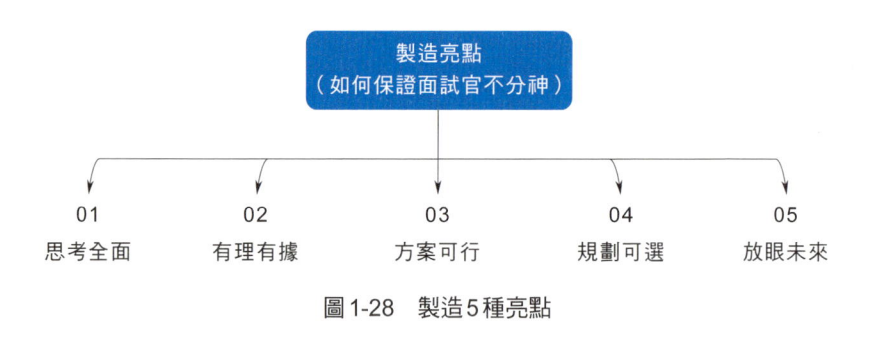

```
            製造亮點
      （如何保證面試官不分神）
   ┌──────┬──────┼──────┬──────┐
   01     02     03     04     05
 思考全面  有理有據  方案可行  規劃可選  放眼未來
```

圖1-28　製造5種亮點

在面試官好奇你的方案時，你可以使用「SWOT分析」進行解釋說明（見圖1-29），並為之匹配具體的分析資料以佐證觀點，讓整體方案看起來更具有可行性和探討價值。

透過上圖你可以得到4種具有不同亮點的方案闡述方式，為確保方案的可行性與最終效果，通常情況下，「1」和「2」這兩種亮點側重方案是更優選，因為它們著眼的是擅長的事情，其成功率與完成後的性價比都更高。

因此，你在進行方案設計時要著重思考「如何發揮優勢從機遇

中獲利」以及「如何發揮優勢,減少威脅發生的可能性及其影響」這兩個問題,以便在面試過程中能更好地表現出你對前景的充分預估。加入這樣的思考,還可以向面試官傳遞「我認真思考了這個問題」的積極態度,爭取更多的好感。

	S（優勢）	W（劣勢）
O（機會）	如何發揮優勢從機遇中獲利？ 1	如何利用機遇克服劣勢？ 3
T（挑戰）	如何發揮優勢,減少威脅發生的可能性及其影響？ 2	如何應對劣勢,使其避免或者克服威脅？ 4

圖1-29 「SWOT」分析示例

工具總結

「5點清單」是一個幫助你明確競聘資料準備清單的工具（見表1-5）,旨在透過充分準備資料、精心設計面試內容,確保你在競聘中脫穎而出,獲得夢想職位。

表1-5　競聘資料清單

項目	針對競聘
抓住痛點（都是哪裡出現了問題）	行業問題
	客戶問題
	流程問題
	管理問題
	突發問題
挖掘爽點（解決問題的價值點）	業務會有何改善
	組織會有何改善
	管理會有何改善
	部門會有何改善
	個人會有何改善
明晰重點（你的核心價值體現）	不超過3條解決方案策略描述
設計切點（如何開場切正題）	資料分析
	現狀問題
	行業政策
	方案概述
	明確態度
製造亮點（如何保證面試官不分神）	思考全面
	有理有據
	方案落地
	規劃可選
	放眼未來

最強工作術
暢享職場人生的 30 個實用工具

第二階段

試用期內，快速融入新團隊

　　你終於開啟了自己心儀的職場之路，但此刻你走出的每一步都喜憂參半：試用期的自己總會為自己能否真正成為新團隊中的一員而擔心。事實上，想要獲得新主管的垂青、新同事的認同，投其所好最為關鍵。5 個工具，將助你在試用期快速融入新團隊，成功轉正，從新兵蛻變成老兵。

工具 06 試用1週:「人眼測評法」,知己知彼

在你成功通過面試之後,你便迎來了關鍵的試用期。在此期間,你的表現決定著你在新職位上的發展前景。如果你能在新環境中做到知己知彼,瞭解新上司的管理風格,迅速融入新環境,轉正便不再是職場難題。可是,你應該如何做到知己知彼呢?通常情況下,瞭解一個人最簡單快速的方式是直接詢問,或者讓對方完成一份相關測評。但顯然,現實職場中很難透過這兩種方式瞭解新上司與新同事。因此,掌握一種新的「識人」方式迫在眉睫。

面臨挑戰

試用期是每個人證明自身能力的關鍵時刻,而熟悉環境、融入環境是展現自我的第一步,許多人苦於沒有好的方法,在與新主管、新同事相互熟悉的過程中總會面臨以下挑戰。

- 積極在主管面前「拍馬屁」，卻將「馬屁」拍到「馬蹄」上。
- 經常主動挑起話題，卻不小心觸到他人底線。
- 溝通不得要領，被他人貼上「情商低」的標籤。

傳統操作

在積極融入新環境的過程中，你或許嘗試過以下傳統操作：

- 積極與新同事互動，想要拉近關係。
- 勤於觀察瞭解團隊和主管的工作風格。
- 主動瞭解公司各項要求，希望融入團隊。

當你嘗試過以上這些傳統操作，依然無法瞭解新同事、新主管、新環境，在同事們眼中你仍舊是一位需要時間磨合的「特殊分子」，這說明你需要使用新的工具——「人眼測評法」，為你打破僵局。

解決方案

「人眼測評法」準確的全稱為「人眼識別上司力測評」，這是一個透過兩步操作且不動聲色地瞭解對方上司力風格的工具（見圖2-1）。在此需要強調的是，該工具僅適用於區別上級與同級工作夥伴的管理風格，如果你是新任主管，想瞭解自己下屬的工作能力，建議使用「人才盤點3問」（詳見工具10），效果更好。

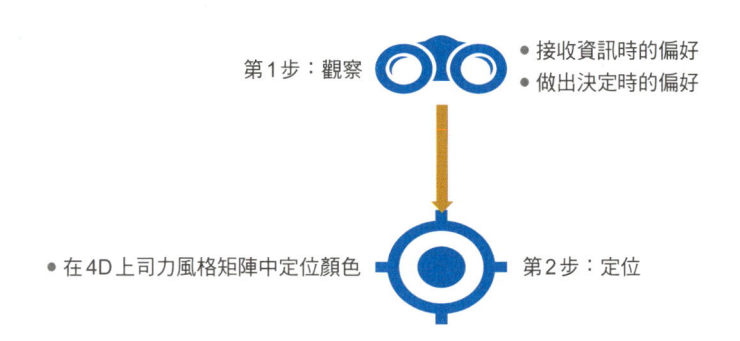

第1步：觀察　　　　● 接收資訊時的偏好
　　　　　　　　　　● 做出決定時的偏好

● 在4D上司力風格矩陣中定位顏色　　第2步：定位

圖2-1　小王圈出對結果有決定權的工作

第1步：觀察

「善變」是人的本性，職場人更是需要像「變色龍」一樣隨時調整自己的狀態以便更適應整個工作環境與節奏。那麼，你究竟要如何在這樣的變化中準確判斷一個人的風格特點呢？多項研究表明，如果以不同場景區分，每個人在單一場景中的行為模式總是相對穩定的。也就是說，你可以透過在高頻發生的某一固定場景中持續觀察對方的行為偏好，判斷對方的行事風格。

在職場中，高頻發生的場景通常為獲取資訊的場景與制定決策的場景。同時，這兩個場景往往是易於觀察的開放式場景。你在觀察這兩個場景下的新主管與新同事時，有如下兩個觀察側重點（見圖2-2）。

01
觀察新同事重視哪些資訊
- 感覺類的資訊:我聽到、我看到、我嚐到、我聞到、我摸到
- 直覺類的資訊:我覺得、我認為、我理解、我猜測、我感覺

02
觀察新同事基於哪種思維方式制定決策
- 基於感受做出決策,「感覺對了」就會同意
- 基於邏輯做出決策,「合乎邏輯」才會同意

圖2-2　獲取資訊場景與制定決策場景的觀察側重點

從上圖可見,「01」是**獲取資訊場景**。在該場景中,你應該**關注對方更重視哪些資訊**。通常情況下,每個人獲取到的資訊可分為兩類。

第1類是感覺類的資訊,即「五感」,分別是聽覺、視覺、味覺、嗅覺、觸覺。在絕大多數職場環境中,來自聽覺與視覺的資訊更為常見。如果對方主要是透過聽覺獲取資訊,偏愛透過語音留言或者電話進行工作細節的瞭解與溝通,那麼這類人對於聲音會很敏感,他們善於從對方的語言、語調甚至語氣中獲取資訊;如果對方主要是透過視覺獲取資訊,偏愛閱讀、瀏覽視覺化的資料文件,那麼這類人會更關注他人工作中的細節是否到位,重視事實資訊。

第2類是直覺類的資訊,這類資訊往往伴隨著「我覺得」「我認為」「我理解」「我猜測」「我感覺」等口頭禪出現。重視直覺類的資訊的人喜歡對資訊進行「二次加工」,尤其是將自身經驗融入其中。這類人在溝通時會習慣性地停下來思考,此時他們正在腦海中運用自己的知識體系與經驗,將新資訊進行「自我轉化」,探索

更多的「可能性」。面對這類人，你只需要詳細、準確地傳達必要資訊，並且在他們思考的時候給予耐心即可，不必急於得到答覆。

「02」是**制定決策場景**。在該場景中，你應該**關注對方是基於哪種思維方式制定決策**。通常情況下，每個人的思維方式可分為兩大類。

第1類是感性思維，擁有感性思維的人通常會基於感受制定決策。這一類人時常被稱為「性情中人」，憑「感覺」行動。他們在工作過程中充滿活力，決策效率高，但也因此較為情緒化。當這類人身負管理責任時，他們會更重視人際間的互動，喜歡和諧的團隊氛圍，熱衷於等所有合作對象達成共識後再行動。因此，你在面對這類新主管與新同事時，需要以熱情活躍的態度面對工作安排，在工作中要有共贏意識，並積極配合團隊的工作。

第2類是理性思維，擁有理性思維的人通常會基於邏輯制定決策。這一類人往往較為理性、客觀，重視思考與分析的過程，決策效率雖然時常會不如擁有感性思維的人，但是經過他們深思熟慮的決策會更穩妥、更精確。當這類人身負管理責任時，他們會更重視工作內容的本質，以結果為導向。因此，你在面對這類新主管與新同事時，需要同樣以沉著、冷靜的心態面對工作事務，凡事多思考，儘量在十拿九穩的狀態下做出決定。

第2步：定位

經過第1步的觀察後，你需要將新上司或新同事的行為在4D上司力風格矩陣裡進行定位（見圖2-3），前期的觀察越細緻、準確，此時的定位便越精準。

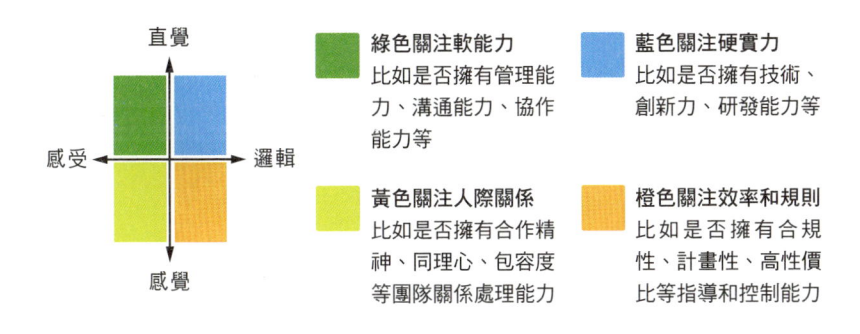

圖2-3 4D上司力風格矩陣

綠色關注軟能力
比如是否擁有管理能力、溝通能力、協作能力等

藍色關注硬實力
比如是否擁有技術、創新力、研發能力等

黃色關注人際關係
比如是否擁有合作精神、同理心、包容度等團隊關係處理能力

橙色關注效率和規則
比如是否擁有合規性、計畫性、高性價比等指導和控制能力

（縱軸：直覺／感覺；橫軸：感受／邏輯）

上圖中的4種顏色分別代表了4種不同的上司力風格。所謂上司力，即透過有效整合各類資源，最大化實現工作目標，提升工作效能的能力。它並非只存在於企業內的上司者身上，每個恪盡職守的優秀員工都需要具備這種能力，而這種能力的風格狀態，便代表著每個人在職場工作中的「處世之道」。以下對於4種上司力風格進行詳細闡述。

綠色上司力風格，它是上圖中4種上司力風格中最在意感受體驗的一類。具備綠色上司力風格的人更關注他人的軟能力，比如是否擁有管理能力、溝通能力、協作能力等。如果你的新上司或新同事是綠色上司力風格，他們會更在意你對於願景、價值觀等企業文化的理解與認可程度，希望看到或與你建立起持續發展的合作狀態。在面對這一類上司者時，向他拿出你的發展藍圖要遠勝於讓他看你的計畫時間表。

黃色上司力風格，它是4種上司力風格中最在意團隊協同的一類。具備黃色上司力風格的人更關注團隊中的人際關係。比如，是

否擁有眾人的合作精神、同理心、包容度等團隊關係處理能力。如果你的新上司或新同事是黃色上司力風格，他們會以和為貴，重視如何避免人際衝突，希望看到更多具有團隊精神的團隊協作行動。在面對這一類上司者時，即便你能力不錯，一旦你喜歡單打獨鬥，那麼你的能力在他心中也會大打折扣。

藍色上司力風格，它是4種上司力風格中的「技術派」。具備藍色上司力風格的人更關注他人的硬實力。比如，是否擁有技術、創新力、研發能力等。如果你的新上司或新同事是藍色上司力風格，你在彙報和交流工作時一定要清晰闡述自己的邏輯，尤其是期間的思考過程需要有所創新。在面對這一類上司者時，由於他們工作態度細緻謹慎，你需要儘量將彙報內容在彙報之前發給上司者提前瞭解，以加快對方的決策速度。

橙色上司力風格，它是4種上司力風格中人群佔比最大的一類。具備橙色上司力風格的人更關注效率和規則的問題。比如，是否擁有工作事務的合規性、計畫性、高性價比等指導和控制能力。如果你的新上司或新同事是橙色上司力風格，你一定要在工作與溝通中「務實」不「務虛」，老實本分地完成自己的任務，並且做好與他人的配合以及對自己的安排，避免挑戰團隊中的現有制度，應嚴格遵照公司流程展開工作。在向這一類上司者做工作彙報時，你只需要說清楚自己做了什麼、為什麼這麼做、最終成果是什麼，減少不必要的「虛話」。

綜上而言，4種上司力風格已清晰可辨。但是，每個人的上司力風格是一成不變的嗎？顯然並非如此。當你發現身邊的同事或上司忽然改變了自己的上司力風格，如果當時沒有重大突發事件，比

如，組織架構調整，或者因不可抗力導致的工作挑戰等，那麼你可以重複「人眼觀察法」的兩步操作重新對其進行定位，不必過於糾結對方「為什麼改變」等問題，因為每個人都是在不斷蛻變中成長的。請收穫屬於自己的職場高光時刻吧！

工具總結

「人眼測評法」是一個簡單的上司力風格測評工具，旨在透過觀察初步定位新主管與新同事的工作風格與狀態，知己知彼，以實現快速通過試用期考核（見表2-1）。

表2-1 「人眼測評法」狀態分析

上司力風格	表現狀態	重視的能力
綠色上司力風格	重視直覺資訊 基於感受制定策略	關注軟能力
黃色上司力風格	重視感覺資訊 基於感受制定策略	關注人際關係
藍色上司力風格	重視直覺資訊 基於邏輯制定策略	關注硬實力
橙色上司力風格	重視感覺資訊 基於邏輯制定策略	關注效率和規則

工具 07　試用1個月:「四位一體法」, 刷足存在感

　　如何在新的工作環境中既讓他人關注到自己,又不顯得自己聒噪和愛搶風頭,這是一個困擾著許多職場人的大難題。尤其是在尚未轉正的試用期內,「刷」存在感一定是你最想實現卻又最不知道該如何實現的事情。事實上,收穫他人關注的竅門就在於先要理解對方,而有效聆聽是理解的基礎。你或許會認為「聽」是一件很簡單的事情。的確,「聽」是人類先天便擁有的能力,可是「聆聽」卻是一種需要透過後天訓練才能達成的能力。那麼,究竟什麼才是真正的「聆聽」呢?

面臨挑戰

　　在入職將近一個月的時間裡,你已經處理了不少職場難題,從人際關係到工作技能,你都收穫了不小的提升。可無奈的是,你還是不得不面臨以下挑戰。

- 每次做工作彙報時自己還沒張嘴，主管就讓你先聽他說。
- 每次團隊討論時，你的建議總被擱置，因為他們認為「剛來的人不瞭解情況」。
- 重要的工作總是輪不到你，因為主管認為「你還需要熟悉情況」。

傳統操作

你曾經為了在試用期「刷」存在感，或許做過以下嘗試：

- 積極主動地獻言獻策，「髒活兒」「累活兒」搶著幹。
- 嘗試站在對方的立場思考問題，為其解決現實問題。
- 為了團隊利益犧牲個人利益，總是以大局為重，毫不計較個人得失。

當你嘗試過以上這些傳統操作，仍然沒有成功為你爭取到期望的團隊存在感，重要的事情依舊輪不到你負責，跑腿打雜的事情反而逐漸成為你的「專屬任務」，時間越久，你好像越摘不掉「新人」的帽子，這說明你需要使用新的工具——「四位一體法」，助你成功刷足存在感。

解決方案

在試用期的「小透明」狀態中，你擁有許多聆聽的機會——那些在你想要擁有存在感，卻偏偏成為你所面臨的挑戰的時刻，都是你進行有效聆聽的最佳時刻。在不懂得聆聽之重要性的人心裡，這些機會似乎是在浪費自己的時間。但此時的你需要明白：合理利

用、有效聆聽，你將徹底改變令人一籌莫展的「小透明」狀態。

聆聽可分為4個層次（見圖2-4），從低到高信息量是逐層遞減的，但資訊的品質在逐層遞增。在練習有效聆聽的過程中，你需要按照層次逐級提升自身的聆聽能力。

腦聽
「我能梳理你的話」

口聽
「我要確認你的話」

眼聽
「我在看你說」

耳聽
「我想聽你說」

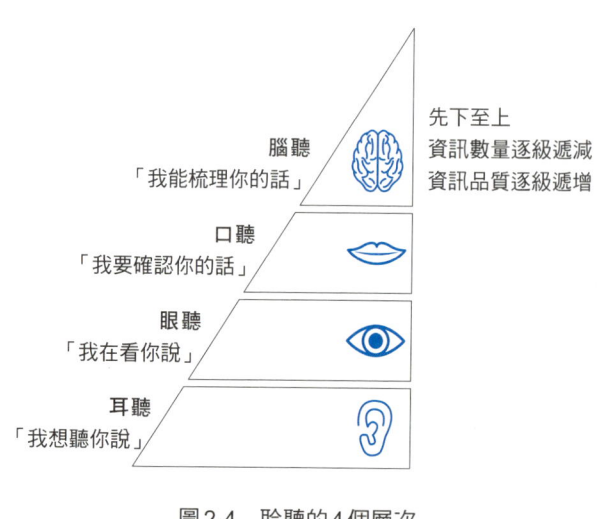

先下至上
資訊數量逐級遞減
資訊品質逐級遞增

圖2-4　聆聽的4個層次

第1層：耳聽，「我想聽你說」

一場為了引發對方關注的溝通，開場必須積極主動，你要讓對方充分感受到「我想聽你說」，這樣才能有效開啟一段對話，讓對方的目光轉移到你的身上。那麼，你應該如何讓對方感受到你耳聽的「誠意」呢？透過「頭—眼—身—步法」，便可以輕鬆將你耳聽的狀態透過肢體語言清晰表達出來（見圖2-5）。

[頭要擺正] [眼要直視] [身要前傾] [腳尖一致]

圖2-5 「頭─眼─身─步法」示意

你要拿出端正的態度開啟這場正式的溝通。首先，**頭一定要擺正**，不能搖頭晃腦，顯得過於隨意；其次，**眼睛要直視對方**，以便觀察對方在溝通過程中的反應，及時給予妥當的回饋，同時，這也是尊重對方的表現；再次，**身體應微微前傾**，這個動作代表著你已經做好全身心投入這場溝通的準備；最後，**在與對方相向而談時，儘量與對方腳尖朝向一致**，減少面對面溝通的壓迫感，讓氣氛更輕鬆。做到以上4點，你便能輕鬆促成一段對話的快速開啟。

第2層：眼聽，「我在看你說」

許多人難以想到，為什麼學習聆聽還要練「眼力」。這其實是因為人在溝通時往往會產生很多肢體語言，這些看似微小的細節，恰恰最能體現一個人的真實意圖。一旦你能抓住這些資訊並及時、有效地回饋，便能讓對方感受到「你懂他」。此時，溝通的品質將會得到極大的提升。但你在「眼聽」時需要注意，過於頻繁地關注對方所有肢體語言細節，很容易讓你忽略溝通內容的主體，以至於本末倒置。那麼，你應該如何在這一點上有的放矢呢？你只需要關注對方兩個方面的反應即可——表情和體態。

首先是**表情**。雖然人類的情感異常豐富，但大體可分為5種基礎情緒臉譜（見圖2-6）。

喜悅　　　憤怒　　　悲傷　　　恐懼　　　　愛

圖2-6　人類的5種基礎情緒臉譜

　　你可以根據上圖的臉譜「按圖索緒」，準確判斷對方在溝通當下的情緒狀態，建立與他「同頻」的情緒場，為之後的「感同身受」做準備。

　　其次是**體態**。溝通過程中有兩種姿勢是需要你著重注意的，第1種是對方在溝通時扭著身體坐（見圖2-7），即上半身朝向你，但腿與腳卻朝向其他方向，導致身體呈扭曲狀，這代表對方有「口是心非」的可能性。

　　下圖中的女士，上半身面朝男士，但膝蓋卻朝向另外的方向，整體體態扭如麻花。如果你在溝通時發現對方是這種姿勢，就要多加留心，他極可能會因為某種目的向你隱瞞一部分心聲，甚至為了遮掩心聲而放出一部分假資訊。因此，你應該對對方向你傳達的資訊進行判斷與篩選。

　　第2種姿勢是對方雙手於胸前抱臂，這是一種典型的防禦姿勢（見圖2-8）。

　　這種姿勢代表對方與你的溝通並不開放，甚至對方有些抵觸這場談話。這是一個危險的信號，你需要馬上化解。如果你與對方正站著溝通，此時可以邀請對方走動幾步，在緩解氣氛的同時，不動

圖2-7 「口是心非」的體態示意　　圖2-8 雙手於胸前抱臂的防禦姿勢

聲色地引導對方放下雙臂。如果你與對方正坐著溝通，此時可以找個理由轉換對方的注意力以改變對方的姿勢；比如，邀請對方翻看資料。此時，他為了實現這一操作，會自然放下雙臂。當你解除了對方的防禦姿勢後，打開對方心房的最好時機便來了。

第3層：口聽，「我要確認你的話」

有效聆聽的第3層為口聽，這需要你主動對對方的發言進行回饋。必要的互動是溝通的基礎，因為有互動，所以一場交談會是雙向的溝通，而非單向的「一言堂」。那麼，你應該如何進行能引起對方關注的回饋呢？其核心就是重複對方說過的話。

這裡的「重複」並不是讓你成為一個只需複述的「複讀機」，而是需要你以自己的思考與語言，對對方話語中的關鍵點進行重申，以表達自己一直在聽他說話，與他「感同身受」。下面是兩個場景範式，你可以透過模仿學習，確保自己口聽的品質。

場景1：確認一件事——複述事件關鍵動作 +「然後呢」

如果對方在描述一件事，你可以嘗試複述他的關鍵動作並加上一句「然後呢」。比如，對方在與你分享雨夜趕飛機的過程，你可以在合適的時機進行如下確認。

「下雨你攔不到車，然後呢？」

「……趕到機場航班取消了，天！然後呢？」

這樣不斷確認一件事的互動，會讓對方感覺到你在認真跟著他的思路還原他的遭遇，與他共同經歷這件事情，很容易拉近彼此距離。

場景2：確認一種情緒——「我剛剛聽你說」（一個事實）+「讓我覺得很」（一種感覺）

如果對方在表達一種情感，你需要嘗試用「我剛剛聽你說……，讓我覺得很……」的句式重複他的感受。這裡的關鍵點是「你的表述讓我本人有了怎樣的感受」，而不是「你的表述讓我本人認為你有了怎樣的感受」。雖然這兩種狀態在文字上看起來差別不大，可實際含義卻有天壤之別。前者在表達你的同理心，而後者則是你在猜心，有一種掌控感。如果對方邊界感強，很容易認為自己被侵犯了，對你產生防範之心。

比如，對方因為航班延誤丟了大單時，你可以進行以下形式的確認。

「我剛剛聽你說航班取消導致無法第二天跟客戶簽約，這讓我覺得很可惜。」

如果你不是一個善於用語言表達情感的人，還可以透過臉部表情表現你此刻正在確認的情緒，這也能讓對方感覺到你對他的理解，傳達出你們已經站在一起的訊息。可是，如果在溝通過程中對方不滿足於得到你的簡單回饋，想要你給出建議，或者你希望他能採納你的意見，那麼你還需要在聆聽這件事上更上一層。

第4層：腦聽，「我能梳理你的話」

聆聽能力的第4層為腦聽。所謂「不識廬山真面目，只緣身在此山中」，對方在向你溝通一件由他經歷的事情時，身為事件當事人的他總會存在一個認知盲區，而你作為事件的旁聽者，很容易敏銳地捕捉、梳理細節，幫他人從困局中跳脫出來。

這便是溝通最大的收穫——讓對方有獲得感，讓你有存在感。那麼，你又該如何達到腦聽的效果呢？其實你只需要抓住一點即可——挖掘對方問題的本質原因。你要成功挖掘這一點，至少要問出3次「為什麼」。比如，你的同事向你訴苦說最近投標總是失敗，這時你可以進行以下形式的溝通：

「為什麼最近投標總是失敗？」
「客戶回饋說是沒有亮點。」
「為什麼方案沒有亮點？」
「我的策略本來是穩中求勝的。」
「你為什麼要使用這個策略？」
「客戶方文化偏保守，太酷炫的東西怕他們不接受。」
「你為什麼會覺得他們不接受創新？」

「你這個問題很值得我反思,我確實主觀臆斷了,在溝通階段先入為主,才導致我丟了這個大單。」

但你還需要在這一階段注意一點:對方回應你的是原因還是情緒。如果對方回應的是情緒,那麼他也許只是想要一個情感宣洩的窗口,你只需「感同身受」地「口聽」便已足夠。如果此時強行為對方擬定解決方案,反而會適得其反;如果對方回應的是原因,並且在你的引導下深入思考,發現了問題本質,這時他也會願意聽聽你的建議,此時你便可給予相應的幫助,你的價值與存在感便也隨之提升了。

工具總結

「四位一體法」是一個多層級劃分的聆聽能力提升模型(見表2-2),隨著你的能力不斷精進,聆聽層次逐步提升,你在對方心中的地位也會逐漸升高。

表2-2 「四位一體法」狀態分析

層級	表現	行為重點
第1層:耳聽	「我想聽你說」	全面掌握資訊多聽少說
第2層:眼聽	「我在看你說」	
第3層:口聽	「我要確認你的話」	處理資訊並發表觀點
第4層:腦聽	「我能梳理你的話」	固化存在感 成為「知心姐姐」或「職場幕僚」

工具 08　試用期間：「1+1 連接法」，建立信任

當你在團隊中成功捕獲自己的存在感後，你一定十分期望自己能乘勝追擊，與眾人建立信任關係。回想一下自己與他人建立信任的過程，絕大多數情況下都是雙方共同經歷過什麼事情，而在這段共同經歷中，對方某個時刻的行動或語言曾打動了你，你便從此向對方交付了自己的信任。可見，雙方信任關係的建立總是在某種連接之上。那麼，你該如何主動與他人產生連接呢？

面臨挑戰

人與人之間產生連接的最直接方式就是多交流，可是交流並不需要無止境的「多」，掌握交流的度十分重要。所謂過猶不及，許多沒有邊界的「多交流」容易造成「次生損失」。於是，許多人便容易面臨以下挑戰。

- 因為「過於能說」而導致新同事不相信你能「做完」這份工作。

- 因為「過於熱心」而導致新同事不相信你能「嚴守」工作邊界。
- 因為「過於拘謹」而導致新同事不相信你能「融入」這個團隊。

傳統操作

你在爭取同事間的信任關係時，或許進行過以下嘗試：

- 公開自己的弱點或糗事。
- 積極參與團隊討論，貢獻意見。
- 與同事們分享你的工作心法。

當你嘗試過以上這些傳統操作，依然無法改變現狀，你還是很難讓新同事相信你的能力，甚至無法消除對方對你能否很好地融入團隊共創未來的懷疑，這說明你需要使用新的工具——「1+1連接法」，為你提供幫助。

解決方案

有效溝通的標誌是可以透過交談，最終與對方形成某種約定，當你兌現承諾達成約定後，雙方的信任關係自然就成功建立了。既然你的溝通有明確的目的，那麼在溝通一開始，你就需要對自己的溝通進行一場設計，隨後再開啟一段溝通。在經歷過這樣「1+1」的連接後，你才能保證觸發的溝通可以如期達成最終效果。

1. 進行一場溝通設計

你或許會擔心自己每天工作的事情都忙得焦頭爛額，還要設計與同事之間的溝通，自己怎麼可能總是做好這麼充分的準備呢？事

實上,你的溝通設計並不需要花費太多的精力,你只需要一份溝通前的「4個一」準備清單就可以事半功倍了(見表2-3)。

(1) 破冰暖場:一個場景

你的溝通需要以一個場景作為開場,簡明扼要地告訴對方此次溝通的主題是什麼,表明用意,讓對方第一時間明白基礎狀況。分享好消息相對容易觸發溝通機會,尤其適合新員工進入團隊快速建立聯繫。比如,客戶誇讚了某項服務,你打算向同事「報喜」,你可以進行如下開場。

「陳靜,我想跟你分享一下剛剛周總對你的讚美,現在方便嗎?」

表2-3 設計溝通「4個一」清單

溝通目的	溝通內容
破冰暖場	一個場景
引發關注	一件工作
陳述事實	一種行為
建立連接	一個影響

這樣的一句話馬上能讓對方明白你接下來要進行一個關於他的積極回饋,可輕鬆激發他的好奇心,對方有極大機率願意參與進來,開啟這段溝通。同時,「體貼」地詢問對方是否方便,會讓對方認為你「能站在對方的立場思考問題」,這也能增加對話成功展開的機率。

反之,如果你不表明主題,沒有第一時間建立一個明確的溝通場景,比如同樣一件事,你卻進行了如下開場。

「陳靜，我有一個好消息，你猜猜看？」

對方不知道你究竟想要說什麼，而且你不顧時間，強行向對方提出了一定要參與這場溝通的要求，便很容易讓對方感到冒犯，進而產生抵觸情緒。

(2) 引發關注：一件工作

破冰之後你需要進一步引發對方關注，這個時候的重點是引導對方聚焦、探討某一件事，避免資訊的堆疊和雜亂。簡單來說，你只要在溝通中把最重要的一件事說明白，讓對方有效接收事件資訊，目的就達到了。比如，陳靜同意與你聊聊，你可以繼續說：

「與你最近一直在搞的新設計——文字材料視覺化有關。」

這樣一句話明確指出了重點，不拖泥帶水，給人一種幹練的印象。同時，當你的溝通主題重點在於具體的一件事情時，也容易讓對方意識到你的主動溝通不是在刻意奉承、沒話找話，而是真的有正經事情要說。這對於信任關係的連接建設便又近了一步，對方也更願意放下手頭的事情與你溝通。

(3) 陳述事實：一種行為

這一步需要你客觀陳述事實，即只描述行為，並且這個行為必須是自己觀察到的。因為協力廠商觀察後告訴你的未必是事實，也許已經過二次加工，這樣的溝通存在較大風險，不利於你與對方建立信任。另外，溝通中最忌諱的就是做評判，尤其是在你並不瞭解對方完整情況的前提下，貿然地主觀臆斷最不可取，這會引起對方反感並觸發他的防禦機制，溝通便難以有效推進。

回到陳靜的例子，接下來你便可以這樣對她說：「剛剛我跟周總做售後追蹤，他對你的圖解版介紹非常認同，說看起來簡單易懂，便於推廣。」

此時，一句話便客觀言明是「陳靜創建的圖解版介紹」這個行為受到了主管好評，比起單純與陳靜說上司對她的方案很滿意，這句包含具體行為的表揚更顯真實。

⑷ 建立連接：一個影響

這是建立關係的關鍵一步，即他的行為對你產生了怎樣的影響，分享你的所思、所感、所為，「坐實」你們之間的約定。認可一個人成就的最大忌諱就是拿他的工作成績與他人進行比較，尤其是作為新員工的你在不瞭解團隊內人際關係的情況下，這種嘗試會讓你得不償失。因此，你只需表達對方為自己帶來的正面影響，並給出一份雙贏的合作策略，發出邀請，增強聯繫。比如，你在與陳靜的溝通中，最後可以進行如下表述：

「我知道你正在給新設計做市場推廣，透過周總的回饋，我認為也是有市場的，我最近跟幾個新客戶聊過你的視覺化產品，大家也有興趣瞭解，咱們一起合作把這種新設計推廣起來好嗎？」

準備好以上4句話後，你就可以著手進入溝通的實質階段了。

2. 開啟一段溝通

為了確保整場溝通可以達成約定，你在開啟一段溝通時要嚴格遵循「二要二不要」原則（見圖2-9）。

- 要面對面溝通
- 要學會聆聽

- 不要提封閉式問題
- 不要急著採取行動

圖2-9 「二要二不要」原則

(1)「二要」

「二要」即**要面對面溝通，要學會聆聽**。

面對面溝通是眾多溝通方式中效果最好、資訊傳遞有效性最高的一種。無論科技進步到何種程度，面對面溝通的高效果都無法被取代。所以，作為新員工的你務必盡可能多地與新同事進行面對面交流。

聆聽在溝通中的重要性也不言而喻。溝通作為一個雙向行為，只有資訊發送出去後又能由接收端處理並回饋回來，才有價值與意義。同時，只有溝通的雙方都「說明白」且「聽懂了」，約定才能正常形成。關於有效聆聽的方式詳見工具07，在此不做贅述。

(2)「二不要」

「二不要」即**不要提封閉式問題，不要急著採取行動**。

封閉式問題很容易讓一場溝通走進死胡同。身為新員工，你需要的是一場能進行擴展的溝通，即確保談話能在開啟後輕鬆地持續進行。如若發生了「把天聊死了」的情況，不僅難以促進你與新同事之間的信任關係，還很容易為你貼上「強勢」的標籤，讓他人對與你溝通這件事敬而遠之。

那麼，你該如何進行開放式提問呢？你可以多問「為什麼」「是什麼」「怎麼做」「什麼感受」等，這不僅能為你的溝通「續命」，還能自然而然地獲得更多與對方有關的資訊，這也是能幫助你深入展開「人眼測評法」（詳見工具06）的絕佳機會——透過溝通交流收集到的資訊，無論是品質還是數量都自然遠勝於遠觀。

急切地採取行動也非優選。一場工作上的溝通通常都會以一個後續的行動方案收尾，你透過溝通建立信任連接的目的並不單純是為了「執行工作任務」，而是在為下次的溝通做鋪墊。以前文中與陳靜的溝通為例，你希望能與她合作，這便是你與她的約定，接下來必定會有一系列圍繞如何合作、展開工作的溝通。如果你急切地在第一場溝通後便獨自採取行動，那麼後續的合作、交流自然難以產生。因此，你需要牢記，頻繁的溝通是你與對方建立信任連接的關鍵點。

工具總結

「1+1連接法」能夠規範溝通流程（見圖2-10），該工具旨在透過一場溝通讓你成功與新同事建立連接，達成約定，進而獲得對方信任，儘快融入新團隊，大展拳腳。

進行一場溝通設計
- 一個場景
- 一件工作
- 一種行為
- 一個影響

一段溝通
- 要面對面溝通
- 要學會聆聽
- 不要提封閉式問題
- 不要急著採取行動

一份信任
- 持續溝通

圖2-10 「1+1 連接法」規範溝通流程

工具 09　試用期滿：「群策群力法」，解決難題

當你試用期滿，轉正在即，一路的「過關斬將」後馬上便要迎來最終的挑戰。此時，你往往會被要求解決團隊中的難題。這幾乎是人見人怕的燙手山芋，連團隊中的老員工也會對此倍感頭痛。

面臨挑戰

面對棘手的難題，你一定會想硬著頭皮賭一把，要是能順利解決，不僅自己轉正在望，更可能前途似錦。但勇氣與決心並不能幫你迴避以下挑戰：

- 由於問題過於陳舊，很多資訊已經丟失或不全，無法掌握問題全貌。
- 遺留問題涉及複雜的權力關係，你無法憑一己之力解決。
- 問題是由於組織系統缺陷導致的，但系統問題是個更複雜的問題。

當你面對以上3個麻煩問題的挑戰時，不要擔心，本節所分享的工具──「群策群力法」可以幫助你在試用期內處理掉團隊內複雜而龐大的難題，證明自己的能力，順利轉正。

傳統操作

在解決難題時，你或許嘗試過以下操作：

- 盡可能多地收集問題資料，瞭解問題全貌。
- 盡可能多地訪談相關人員，瞭解問題背景。
- 盡可能多地設計解決方案，盡力做到周全。

當你嘗試過以上這些傳統操作，依然無法解決積弊已久的難題，新同事甚至評價你的解決方案「換湯不換藥，沒有突破」，這說明你需要使用新的工具──「群策群力法」，為你找到問題的突破口。

解決方案

在討論解決方案之前，你需要先思考一個問題：團隊為什麼會願意讓新員工嘗試解決積弊已久的難題？以常理而論，新員工對於團隊各方面還處於熟悉階段，積弊已久的難題往往牽扯諸多歷史因素，對團隊沒有足夠深入的瞭解將很難理解。

這樣的安排並不是為了給新員工一個下馬威，而是因為積弊已久的難題難以得到解決的一大關鍵便是一直沿用老方法。新員工通常是帶著新的思維加入老團隊，尚未被團隊中的傳統完全束縛，很容易透過新思維找到新方案，為積弊已久的難題帶來新生機。即便

新員工沒有徹底解決問題，新的嘗試也能幫助團隊打開新的思路，也許積弊已久的難題便離被解決不遠了，這也是「外來的和尚會念經」的本質。

但不可否認，新員工在解決團隊的問題時往往會遇到兩大難以逾越的「大坑」。其一是因資訊不對稱導致的無法釐清問題線索，越複雜的問題需要的瞭解時間越長，初來乍到的新員工在時間上明顯處於劣勢；其二是因不熟悉環境導致的無法將方案落實，每家企業都有自己獨特的營運模式，方案能否落實取決於其整體設計是否基於企業的營運情況，新員工在短時間內顯然難以完全掌握團隊內部的全部獨特之處。

那麼，身為新員工的你應該如何跨過這兩個「大坑」，成功解決問題，或者至少給出有價值的新方向呢？你的短處正好是團隊中其他人的長處，而你的長處便是團隊所稀缺的活躍新思維。只要你能運用好「群策群力法」，借助老員工的集體經驗與智慧，透過新的思維方式考慮解決方法，就能順利找到突破口。這時，你需要召集團隊中的老員工充分參與問題解決方案的討論。

為了更準確地介紹「群策群力法」，以張明的經歷為例進行詳述（見圖2-11）。

接到任務後張明開始進行前期調研，他發現倉儲問題看似是物流的問題，但其實關係到公司整體生產營運的方方面面，解決該問題必須先理順公司的整體生產流程。身為新員工的張明決定設計一個討論會，借助群體智慧解決問題。在討論會開始之前，張明按照自己的思考，列出了會議的問題討論流程（見圖2-12），並將其製作為掛圖掛在會議室。

案例背景

張明入職甲公司三個月，公司近期為了提升管理效率組建了流程改造專案小組，考慮張明擁有豐富的流程管理經驗，小組負責人邀請張明加入。他的第一項任務是解決倉儲流程混亂這一老問題，該問題一直制約業務發展，為此公司請過諮詢公司，買過ERP系統，但效果均不理想。

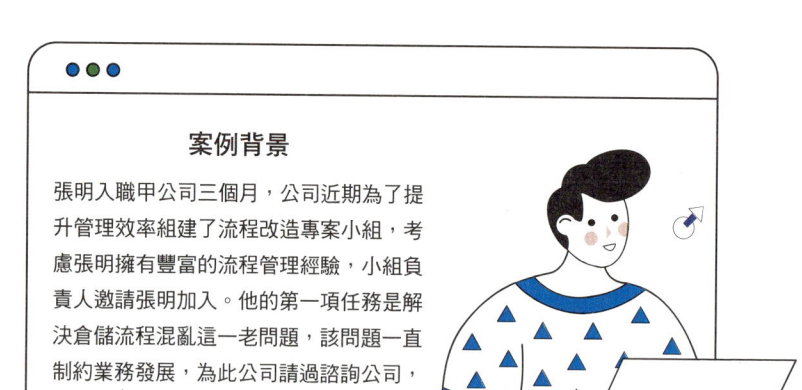

圖2-11 「群策群力法」之案例背景

關於倉儲流程改造面臨哪些挑戰？

挑戰1： 庫房空間利用率低	挑戰2： 出入庫時間過長 現出入庫流程圖如下	挑戰3： 庫存情況更新緩慢

圖2-12 問題討論流程

準備就緒後，張明將公司流程改造專案小組的同事召集一堂，以上圖所示為主題，按照「靜默書寫」「提案匯總」「投票排序」和「行動計畫」這4步開啟了本次討論會。

第1步：靜默書寫

張明在討論會伊始，向所有人做出了如下提議：

「感謝各位同事的參與，在座的各位都是流程改造小組的成員，在流程改造方面都是專家。今天主要針對倉儲流程改造進行一次組內討論，希望能夠找到解決方案。我後面的牆上有三張掛圖，是倉儲流程改造面臨的3大挑戰，接下來大家有15分鐘的時間思考如何解決這些挑戰，並把自己的解決方案寫在卡片上，一張卡片寫一個方案，為了不打擾其他同事思考，這個過程中不要討論。」

在靜默書寫這一環節之所以要求所有人獨立撰寫，就是為了避免發生情緒阻滯，即當個體在思考時溝通會阻斷獨立思考進程，最終會妨礙思考品質和創意數量。

第2步：提案匯總

在所有人書寫完自己的方案後，張明接著做出了如下引導：

「接下來，請大家把自己的解決方案貼到對應的掛圖下面，如果是關於出入庫流程的調整，請把調整方案貼在對應的流程步驟旁。

……

「現在每張掛圖都貼滿了解決方案，接下來給大家20分鐘的時間去

流覽這些方案，在此過程中可以拿筆去補充和完善別人的方案，也可以跟別人就感興趣的方案進行討論。」

該環節的操作重點是鼓勵大家多發表意見，同時有效引導眾人流覽，鼓勵所有人分開流覽，廣泛溝通，最大限度地讓與會者充分表達想法。這一點在「群策群力法」中尤為重要，因為只有所有人都真正參與進來，才有助於眾人對後續方案的落地做出承諾，以便承諾的履行。

第3步：投票排序

進行完第2步後，張明接著對眾人做出了以下引導：

「請各位回到座位，接下來將進入投票環節，首先看掛圖1裡全部的解決方案，請根據投入成本多少進行排序，其中投入成本最低的給3分，次之的給2分，然後是1分，以此類推。請把打分結果寫在解決方案對應編號的後面，用時5分鐘。

……

「請根據收益產出高低進行排序，其中收益產出最高的給3分，以此類推，請把打分結果寫在解決方案對應編號的後面，用時5分鐘。」

張明在後續的掛圖2與掛圖3中也是如此操作。由張明的話語可知，該環節選擇排序的操作重點是排序時的因素選擇（見表2-4），即「成本」「產出」等因素。關於在進行因素選擇的排序時，應該優先關注何種因素，可參考工具23中的優選列表，此處不展開論述。需要注意的是，這一環節不建議一次做過多因素的排

序，因為這會導致眾人無法聚焦關鍵方案，阻礙共識形成。因此，一般排序進行一到兩輪即可。

表2-4 投票打分情況與因素選擇示例

方案編號（總分）	投入成本	收益產出
1（5分）	3分	2分
2（3分）	0分	3分
3（3分）	2分	1分
4（0分）	0分	0分
5（1分）	1分	0分

第4步：行動計畫

經過前面的操作，此時通常會產生一個總分最高的方案，該方案便是眾人都較為看好的方案。因此，最後一步關於行動計畫的討論便應該圍繞總分最高的方案進行。由於該方案是眾人票選出來的，它便是眾人達成的共識，此時行動計畫的制定過程也是眾人共識兌現的過程。前期的高參與度意味著此時的高重視度，方案的落地效果自然也會相對較好。

此環節有兩個操作重點，**操作重點一是對於方案的選擇**。在表2-4中，方案1顯然是共識性最好的選擇。但你一定注意到，方案2與方案3出現了平分情況，其中方案2還是收益產出一項的「狀元」。如果這次的討論會中，平分的方案2與方案3同為最高分的方案又該如何抉擇？你有兩種方法可以選擇，一種是進行二選一的第二輪投票；另一種是將兩種方案進行融合。前者的好處是能讓最

終敲定的方案更聚焦,但可能會出現選擇困難,後者的好處是包容性更強,但最終方案在敲定時方向可能不聚焦,需要根據實際情況進行選擇與調整。

操作重點二是對於行動計畫的實施。通常再熱烈的討論也不可避免會迎來敲定時的冷場,因為一個方案的敲定往往會涉及其他人的工作,不能強硬推進,身為新員工的你更不能直接向團隊中的老員工分派工作。解決該問題的唯一方法便是讓主管出面主持,而這一方法的成功推進一定是建立在你給出的最終方案可操作性強的基礎上的。那麼,你在前期透過「群策群力法」進行方案討論時,便要尤為關注其實操性,避免討論內容過於天馬行空,難以執行,以確保最終選出的方案能得到主管的認同,願意接手主持你認定的方案。

工具總結

「群策群力法」是一個以會議流程指南為主體的問題解決工具(見圖2-13),旨在透過會議研討,借助群體智慧解決複雜問題,將新的討論模式引入組織,提升新主管和新同事對你的認同。

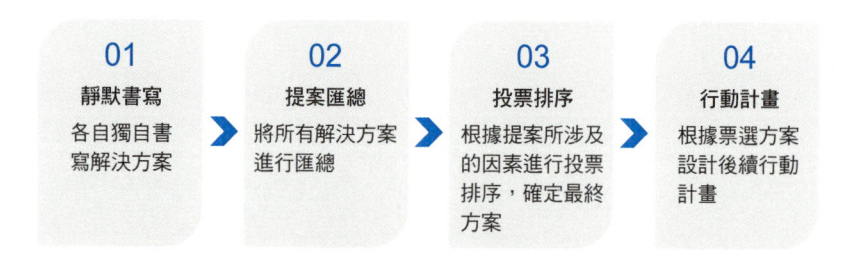

01 靜默書寫	02 提案匯總	03 投票排序	04 行動計畫
各自獨自書寫解決方案	將所有解決方案進行匯總	根據提案所涉及的因素進行投票排序,確定最終方案	根據票選方案設計後續行動計畫

圖2-13 4類職業拐點

工具 10 特殊試用：「人才盤點3問」，成功轉正

在試用期中，還有一類比較特殊的形式，那就是「代理制」。許多企業在聘任高階主管時都會在其職位前加上「代理」二字。比如，代理總經理等。企業會在權責上賦予其開展日常管理工作的基礎許可權，但遇重大事項時，他們需要與其他管理團隊或董事會討論後才能決策，不得自行決策。這類「代理制」的新員工只有在試用期結束，並被確認各項能力的確符合公司要求後，才能摘掉「代理」頭銜，擁有自主管理許可權。那麼，這類「代理制」的人才在進行轉正時又有什麼挑戰需要解決呢？

面臨挑戰

「代理」管理者無論是由內部晉升還是從外部選聘，由於管理範圍的變化以及管理難度的增加，無一例外都需要重新適應工作環境，以下挑戰也隨之而來。

- 上任後未做任何調整,團隊的工作效率卻降低了,工作品質也下降了。
- 上任後發佈的各項政策均難以落實,無法確定是員工能力問題還是態度問題。
- 上司一直催促要求進行組織變革,但你遲遲不敢實施,怕後續影響不可控。

傳統操作

自上任「代理」管理崗位以來,你或許嘗試過以下傳統操作:

- 與團隊成員面談,增加彼此瞭解。
- 與人力資源部門一起開會,瞭解團隊成員現狀。
- 聘請諮詢公司做人才測評和人才盤點。

當你嘗試過以上這些傳統操作,但這些舉措依然沒有幫你找到工作的突破口,你難以掌握核心員工的詳細情況,難以推進各項工作的開展時,這說明你需要使用新的工具──「人才盤點3問」,助你突破重圍。

解決方案

身為一名管理者,單憑一己之力很難做出理想的成績,只有合理利用團隊才能創造佳績。因此,每一位管理者都需要擁有一支「精英團隊」,為這支隊伍挑選成員便是第一要務。只有當你瞭解了組織內部有多少「金剛鑽」,才知道自己能組建出攬下多大「瓷器活」的「精英團隊」。那麼,你應該如何親自挑選與組建這支「精

英團隊」呢?「人才盤點3問」正適用於此(見圖2-14)。

人才盤點的過程彷若「挖寶」,「金剛鑽」員工不一定都會在企業內部鋒芒畢露,許多人還因為性格、機會等各種原因「埋藏」在部門內部,需要你透過提問的方式將他們「挖」出來。下圖中的3問,每個問題對應一個「寶藏」資訊,你需要根據員工的回答,檢驗其是否有「礦藏」,並且判斷出對方「礦藏」是否為你所需,進而「挖到」屬於你的「寶藏」員工。

1. 本年度你為公司做的3個重要貢獻是什麼?
2. 明年你計畫為公司做的3個重要貢獻是什麼?
3. 你如何規劃在公司的職業生涯?為此你做了哪些準備?

圖2-14 人才盤點3問

那麼,你應該如何開展「挖掘工作」呢?你應該在最開始就意識到,這3問並不是由你直接拋出即可,在不同的工作時間段(年終、年中、年初),這些問題需要有細微的調整,這樣才能更準確地進行人才挖掘。然後,你需要組織一場人才盤點會議,與員工進行一對一的溝通。

人才盤點第1問

人才盤點的第1問,即開場問題。關於開場問題,不同的工作

時間段有以下不同的提問方式（見圖2-15）。

如果是年終	你可以問「本年度你計畫為公司做的3個重要貢獻是什麼？」
如果是年中	你可以問「本年度你正在為公司做的3個重要貢獻是什麼？」
如果是年初	你可以問「上一年度你為公司做的3個重要貢獻是什麼？」

圖2-15　不同時間點的人才盤點第1問

該問題是為了瞭解對方「已經做過或正在做什麼貢獻」，透過對方的描述，你可以「挖出」他的擅長點。此時，你便可以自行匹配對方的擅長點是否為你現階段所看重的點（見圖2-16）。

作為「代理」管理者，你的時間緊、任務重，因此，應首先鎖定那些可以馬上在你手下被「委以重任」的人是關鍵點。比如，最近你的工作重點是完成公司數位化戰略轉型，某員工的貢獻是從立項至今一直負責數位化轉型項目的實際執行工作，那麼該員工對於你而言很大機率會是「寶藏」。因為從他的工作貢獻可以看出，他是對該專案瞭解最深入、最全面的人，並且身處「一線」。但此

☐ 本年度你為公司做的3個重要貢獻是什麼？

他的貢獻是否為我現階段所看重的？

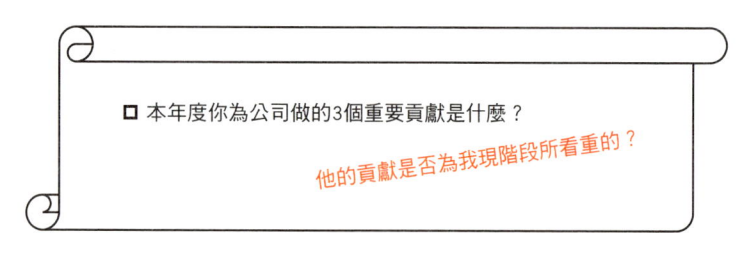

圖2-16　人才盤點第1問的「寶藏」資訊

時，你還不能準確認定就是該員工，你需要進行接下來另外兩個問題的考察。

人才盤點第2問

關於這一問，不同的工作時間段有以下不同的提問方式（見圖2-17）。

如果是年終	你可以問「明年你計畫為公司做的3個重要貢獻是什麼？」
如果是年中	你可以問「下半年你計畫為公司做的3個重要貢獻是什麼？」
如果是年初	你可以問「今年你計畫為公司做的3個重要貢獻是什麼？」

圖2-17　不同時間點的人才盤點第2問

該問題真正考察的不是計畫本身的品質，而是該員工在制定計畫的過程中是否具備戰略思維。只有真正具備戰略性思維的人，才具備團隊意識，能從組織層面考慮自己的工作，並且能系統性地分析和解決問題。換句話說，具備戰略性思維的人是能夠站在你的視角來規劃本職工作的人，能進一步做到這一點的員工，無疑更是「寶藏」。

但回答問題的員工不一定能第一時間給出方向準確的答案。因此，當你發現對方的回答沒有體現自己的思考過程，而只是給了相應的計畫時，為避免人才錯判，你還需要再多問一個問題：「你的這個計畫是基於什麼制定的？」（見圖2-18）如果對方思考邏輯縝密，能逐層分解給出的計畫，則說明該員工具備基本的戰略思考習

慣,是「可造之材」;如果對方給出的計畫有高度、有深度且可執行,但在闡述思考過程中表示是上級安排的工作,那麼該員工的上級應該入圍「寶藏」員工的候選名單。

> ☐ 明年你計畫為公司做的3個重要貢獻是什麼?
> 補充問題:你的這個計畫是基於什麼制訂的?
>
> 他的計畫是否具備戰略性思維?

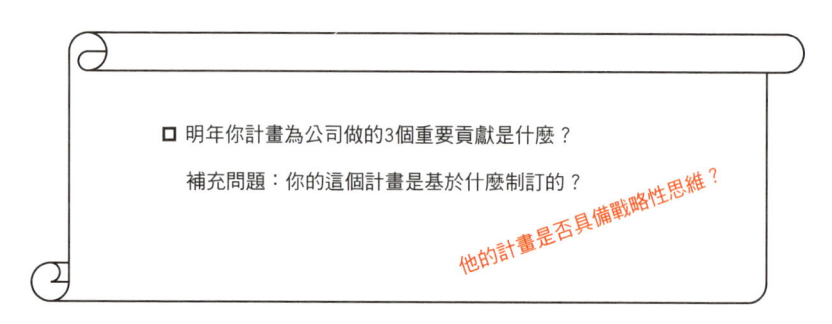

圖2-18 人才盤點第2問的「寶藏」資訊

人才盤點第3問

最後,決定該員工是否能獲選的終極問題不再有工作時間段的區分,應為:「你如何規劃在公司的職業生涯?為此你做了哪些準備?」(見圖2-19)

這個問題之所以能壓軸,是因為它在考察員工的工作意願度,這一因素事關團隊組建的成敗。一位員工再優秀,如果他沒有繼續為團隊、組織、企業服務的意願,任何行為都是徒勞的。所以,「寶藏」員工不是「一廂情願」便足矣,一定要雙方都要有堅定的意願才算真正的「寶藏」。

針對該問題,如果對方的回答有理有據、有規劃、有步驟,能讓你感受到經過了縝密的思考,那麼該員工極可能希望在企業長期發展;如果對方回答得很敷衍或十分務虛,那麼該員工可能是有了

> ☐ 你如何規劃在公司的職業生涯？為此你做了哪些準備？
>
> 　　　　　　　　　　　　　　他是否願意繼續在此服務？

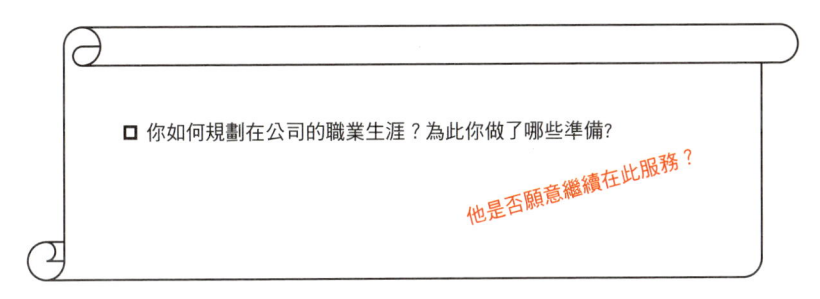

圖2-19　人才盤點第3問的「寶藏」資訊

「異動」傾向，隨時可能另謀高就。

　　你可能會有疑問，為什麼在進行「人才盤點3問」時不先考察對方的意願度再進行其他的深入瞭解，畢竟「我想幹」才是一項工作的基礎，這樣進行「寶藏」員工的篩選，豈不是效率更高？

　　實際上，身為「代理」管理者，你不一定熟悉所有被盤點的對象，此時你急需一個話題與對方「聊起來」，越簡單、平和的問題越適合破冰。人才盤點第3問顯然難度極大且試探意味最濃，這很容易讓你與對方的一對一溝通陷入冷場。同時，將意願度的問題放在第1問，也很容易造成「先入為主」的消極影響，讓你失去進一步瞭解與爭取的信心。但有不少暫時意願度不強烈，但能力又與你想要的團隊十分契合的員工是可以透過開條件爭取到的。

　　當你透過前兩個問題發現了該員工的「寶藏」價值之後，即便對方針對人才盤點第3問給出的回答不是很理想，你也會有動力與信心盡力爭取對方。而這一次的主動爭取，可能就是將對方徹底轉變為你的「寶藏」員工的最佳契機，能夠有效避免「先入為主」帶來的負面結果。

「人才盤點3問」過後,「寶藏」員工的價值分類便清晰可見(見表2-5)。

表2-5 「寶藏」員工的價值分類

寶藏點	鑽石員工	白金員工	黃金員工
他的工作屬於現階段重點工作	√		√
他具有良好的戰略性思維	√	√	
他在本組織內繼續工作的意願度高	√	√	√

由上表可見,「寶藏」員工根據人才盤點3問的表現,可以分為「鑽石員工」「白金員工」與「黃金員工」。

「鑽石員工」對於你而言,無疑是天作之合。這類員工能同時保證工作任務的品質與效率,並且團隊認同度高,值得你充分利用。但這並不代表著只有「鑽石員工」才是你最需要的「寶藏」員工。

比如,對於創新類的工作而言,具有戰略性思維和意願度高的「白金員工」反而是最好的執行者。「我想幹」能讓他們在遇到困難時咬牙堅持,而他們也具備成功完成一項挑戰的基本素質,全域化的思維意味著他們具備戰略方向敏感度,無論怎樣執行工作,他們都能確保不跑偏。因此,即便最終結果並非十全十美,他們也能保證完成任務。

又比如,對於一些歷史遺留問題的掃尾工作來說,「黃金員工」反而最為合適。首先,他們瞭解歷史工作的全部資訊;其次,他們具有較高的工作意願度。因此,只要你能給他們足夠的授權,

為他們把控底線，以結果為導向，他們會是「最令人放心」的團隊成員。

針對「寶藏」員工的個人特點應進行合理選擇、合理搭配，你才能組建出一個最全面的「精英團隊」，打贏「代理轉正」這場充滿挑戰的戰役！

工具總結

「人才盤點3問」是一個利用順序提問清單來助你進行人才甄選的工具，找準3個問題對應的區別資訊（見表2-6），「挖掘」出為你所用的「寶藏」員工，讓你能從「代理」成功轉正，開啟職場新篇章。

表2-6 「人才盤點3問」區別資訊匯總

盤點步驟	盤點問題	區別信息
第1問	本年度你為公司做的3個重要貢獻是什麼？	他的工作是否能幫助我？
第2問	明年你計畫為公司做的3個重要貢獻是什麼？	他是否能從我的立場規劃工作？
第3問	你如何規劃在公司的職業生涯？為此你做了哪些準備？	他是否願意與我合作？

最強工作術
暢享職場人生的 30 個實用工具

第三階段

新官上任，
管好人和理好事

　　恭喜你成功履新，到達職業生涯的第一個新高度——晉升為管理者。這不僅是職業生涯的華麗升級，也是一種縱向的角色轉變。但此時的你缺乏系統的管理知識以及實踐經驗，導致你無法快速適應管理角色，發揮上司作用。真正的管理者，不僅要掌握管理的知識，更要具備管理的能力。那麼，一個新晉的管理者應該怎麼做才能讓自己輕鬆勝任這個職位呢？5 個工具，助力新晉管理者勝任更簡單。

工具 11　管好人：「4 步提升認可法」，快速服眾

身為一名新晉管理者，你一定早已為自己擬好了工作規劃，在你列出來的眾多待辦事項中，「如何快速贏得人心，讓團隊成員服自己」一定是重中之重。每一位管理者，無論是新手還是老手，都有一個共同的期望——成為團隊中的核心。無論是出於工作協同效率的需要，還是對個人成就感的追求，「讓團隊成員打心眼裡佩服你」無疑是你最想擁有的管理狀態。

面臨挑戰

對於初來乍到的你而言，雖然管理者的身分象徵著「權威」，但此時的你與新團隊還沒有建立起最基本的信任，要在短時間內迅速「服眾」，可謂困難重重，你不得不面對以下挑戰：

- 團隊有自己的意見領袖，大家都願意聽他的，他也希望你聽他的。

- 團隊的業務精英是個不容易駕馭的人，很不服管，他希望你的管理工作能純粹以結果為導向。
- 團隊之前的管理者是「放任」制，大家已經散漫慣了。

傳統操作

不妨回憶一下你上任以來的經歷，試圖快速服眾的你或許已經嘗試過以下操作：

- 請團隊成員吃飯。
- 增加團建次數。
- 放低姿態，廣開言路。

當你嘗試過以上這些傳統操作，依然沒有改變你的困境，你還是走不進團隊成員的內心，團隊鬆散依舊，業務精英依然我行我素，這說明你需要使用新的工具——「4步提升認可法」，幫你扭轉局面。

解決方案

你不妨先回憶一下自己的過往經歷：你最佩服的人通常都出現在什麼時期。相信許多人對於這個問題的答案都是「在自己的人生低谷期」。這一時期的人往往最為脆弱，對於幫助的接受程度，以及提供幫助的人對自己的影響力，通常都是最高的。

同理，如果你想要提升自己在員工中的影響力，那員工深陷困境或者遇到發展瓶頸的時候就是最好的契機。這就意味著在員工遇到坎坷的時候，你要及時出現，積極提供幫助，讓對方在這樣的過

程中感受到你冷靜的問題分析能力和嫻熟的問題處理能力，以及尊重他人想法的行事作風，這比任何飯局、團建都有效。

那麼，你應該如何做呢？通常情況下，你可以分4步走（見圖3-1）。

第1步：設定目標

在團隊成員遇到困境或瓶頸的時候，你可以主動找到對方並為其提供幫助。因為作為新晉管理者，團隊成員暫時還沒有與你形成基礎信任，此時只有由你主動才能更快地打破「壁壘」。打破「壁

第1步：設定目標	第2步：盤點現狀	第3步：思考選擇	第4步：制定任務
• 你現在的問題是什麼？ • 你想要達成的目標是什麼？ • 如果這個問題不解決，對你會有什麼影響？	• 你在工作崗位上的現狀是怎樣的？ • 你做了哪些嘗試？效果怎樣？ • 為了達成目標，你現在面臨的最大障礙是什麼？	• 你為了縮小差距做過什麼？ • 之前的嘗試沒有成功，原因出在哪裡？你打算如何修正？ • 如果不考慮現有客觀因素，你最理想的解決方案是怎樣的？	• 你最終的行動計畫是什麼？ • 實施計畫中你面臨哪些阻礙？需要我支援的部分是什麼？ • 第一個任務是什麼？何時開始做？

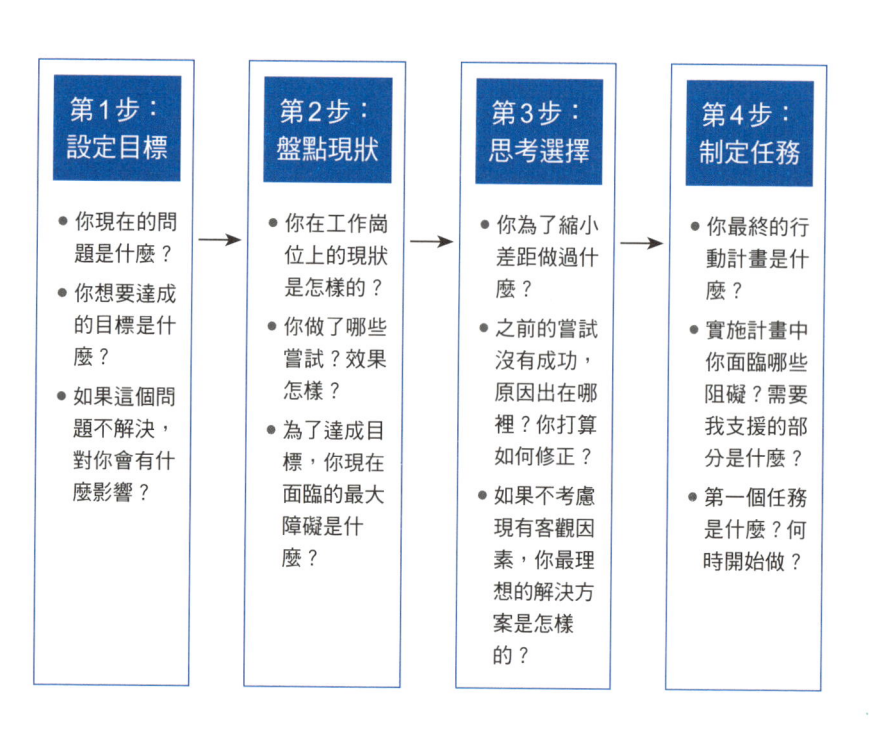

圖3-1　4步提升認可度路線示意

量」的開場問題應該明確對方的預期，以快速達成溝通目的。此時，通常會涉及以下3個問題：

- 你現在的問題是什麼？
- 你想要達成的目標是什麼？
- 如果這個問題不解決，對你會有什麼影響？

第1個問題的重點在出現問題和遇到困難的「你」身上。你要在溝通的開場明確一點：這場談話不是你「急於求成」的「刻意說教」，而是對方自身出現問題後，你去提供幫助且協助對方解決問題。在現在的職場中，許多年輕的員工對「說教」類的上司十分排斥。既然你的目的是在短時間內得到團隊的認可，那麼避開此類「雷區」是最穩妥的選擇。

第2個問題是明確對方的有效目標。只有當對方的目標足以達成時，後面的溝通才有意義。對目標的評判標準將在工具16中詳細闡明，此處不做贅述。

第3個問題的重點是「影響」。需要注意的是，此處的「影響」並不單指負面影響，也包括正面影響。比如，一位二胎母親對於是否接受新的工作安排猶豫不決，因為如果她不接受眼下的工作安排，可能會有損其職業發展，但新的工作安排對於她的親子關係十分有幫助。此時，是正負兩面的影響共同造成了她的猶豫。因此，透過這個問題，你可以瞭解到對方感到困難的卡點在哪裡。

第2步：盤點現狀

在討論完目標之後，你需要腳踏實地地幫助對方分析現狀。這

個環節通常會涉及以下3個問題：

- 你在工作崗位上的現狀是怎樣的？
- 你做了哪些嘗試？效果怎樣？
- 為了達成目標，你現在面臨的最大障礙是什麼？

作為尚未與團隊成員形成信任關係的新晉管理者，在與團隊成員的溝通過程中，對方有較大機率會抱有「敷衍」的態度，該環節的3個問題能檢測出對方對於這次談話的「重視程度」。如果你發現他對於這3個問題回答得很詳實，說明對方目前是真的非常想解決眼下的問題與困難，你對他給予幫助能收穫成效；如果你發現他的回答均為泛泛之詞，則建議你先將對方與其問題放一放，因為你與他溝通的時機未到，需要另找機會，避免將時間浪費在無效溝通上。

第3步：思考選擇

這一步是你「亮乾貨」的時候，只有真正能幫助對方解決問題，你才能獲得他的認可與尊重。該環節通常會涉及以下3個問題。

- 你為了縮小差距做過什麼？
- 之前的嘗試沒有成功，原因出在哪裡？你打算如何修正？
- 如果不考慮現有客觀因素，你最理想的解決方案是怎樣的？

該環節除了提問之外，還需要增加相關經驗分享的內容。這時分享的經驗可以是你的真實經驗，也可以是用經驗「包裝」的建

議。比如，團隊中有一名成員的業績出現了瓶頸，你想幫他儘快衝破瓶頸。基於對他的情況的瞭解和你的經驗判斷，你認為他的突破點在「拓新」方面。此時，雖然你沒有完全適用於他的真實經歷，但你可以把這個建議「包裝」成一個成功經驗分享給他，而且情節越曲折說服力越大，情感越濃烈影響力越大。真實經驗的分享需要重視的兩大要素為「具體情節」與「情感體驗」（見圖3-2）。

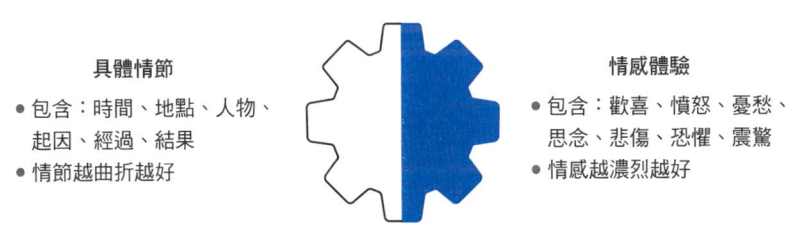

具體情節
- 包含：時間、地點、人物、起因、經過、結果
- 情節越曲折越好

情感體驗
- 包含：歡喜、憤怒、憂愁、思念、悲傷、恐懼、震驚
- 情感越濃烈越好

圖3-2　真實經驗分享的兩大組成要素

你需要注意的是，關於真實經驗的分享一定要安排在提問之後。因為你需要在這場對話中充分展現自己的開明風格，才更容易達到快速服眾的效果。如果先分享後提問，會讓團隊成員認為你是「有備而來」「可能有某種企圖」。因此，你需要充分考慮並重視該環節的溝通順序（見圖3-3）。

第4步：制定任務

經過以上環節後，你就需要幫助對方制定能及時行動起來的工作任務方案了。這個環節通常會涉及以下3個問題：

```
┌─────────────┐         ┌─────────────┐
│   先提問     │   ⇨    │   後分享     │
└─────────────┘         └─────────────┘

┌─────────────────────┐   ┌──────────────────────────┐
│ 你為了縮小差距做過什麼？│   │ 我曾經也遇到過跟你類似的問題，│
└─────────────────────┘   │ 你想聽聽我當時是如何解決的嗎？│
         ⬇                └──────────────────────────┘
┌─────────────────────┐
│ 之前的嘗試沒有成功，原因出在│
│ 哪裡？你打算如何修正？    │
└─────────────────────┘
         ⬇
┌─────────────────────┐
│ 如果不考慮現有客觀因素，你最│
│ 理想的解決方案是怎樣的？   │
└─────────────────────┘
```

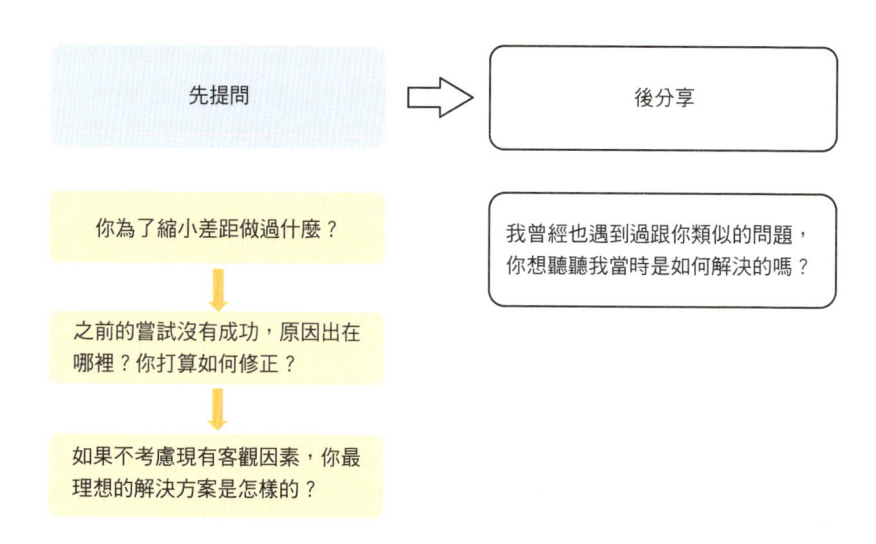

圖3-3　先提問後分享流程示意

- 你最終的行動計畫是什麼？
- 實施計畫中你面臨哪些阻礙？需要我支援的部分是什麼？
- 第一個任務是什麼？何時開始做？

　　和第1步相似，工作任務的方案設定也需要進行有效性驗證，該驗證方法可參考後文的工具16。除此之外，在這一環節還有一個非常重要的任務——成為對方的資源提供者。當你成為為對方雪中送炭的人之後，贏得對方的信任與認可將變得更加容易。然而，你可能會在此面臨一個風險，即對方希望獲得的支持你給不了，或者無法馬上實現。以前文中遇到業績瓶頸的團隊成員為例，他可能會提出讓你給他介紹新客戶的要求。這樣的要求對於「拓新」問題雖

然治標不治本，但對於正處於信任建立之初且不想前功盡棄的你而言，很難巧妙地回絕。這時，你就需要一些應對策略（見圖3-4）。

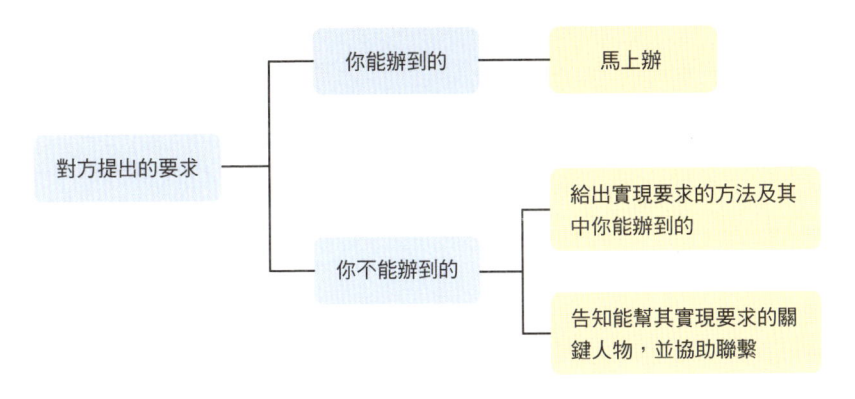

```
對方提出的要求 ─┬─ 你能辦到的 ─── 馬上辦
                │
                └─ 你不能辦到的 ─┬─ 給出實現要求的方法及其中你能辦到的
                                 │
                                 └─ 告知能幫其實現要求的關鍵人物，並協助聯繫
```

圖3-4 「雪中送炭」的應對策略

從上圖可見，針對前文中的這位團隊成員，你可以選擇兩種解決方案，第1種方案是陪同他一起去見新客戶，協助他開拓新客戶；第2種方案是與他理清現在正在跟進中的潛在客戶，發掘促成交易的關鍵人，提升他的簽單成功率。該策略的核心在於，儘管你給不了他最想要的，但仍可以為他提供實質性的幫助。切忌在此時提出讓他尋找銷售類課程學習如何開拓新客戶，這種無法直接解決實際問題的提議，容易讓對方認為你不是真心想幫他。

總而言之，作為新晉管理者的你，在團隊成員遇到困難的關鍵時刻一定要「穩住」，重視「雪中送炭」的關鍵時刻，一旦能沉穩化解矛盾與危機，你就是團隊中的核心了。

工具總結

「4步提升認可法」是一個分步式管理輔導工具（見圖3-5），旨在讓你上任之後能於短時間內「服眾」。當團隊成員遇到問題的時候，你應該主動找到他，幫其解決問題，此舉將讓你的上司公信力得到「飆升」。

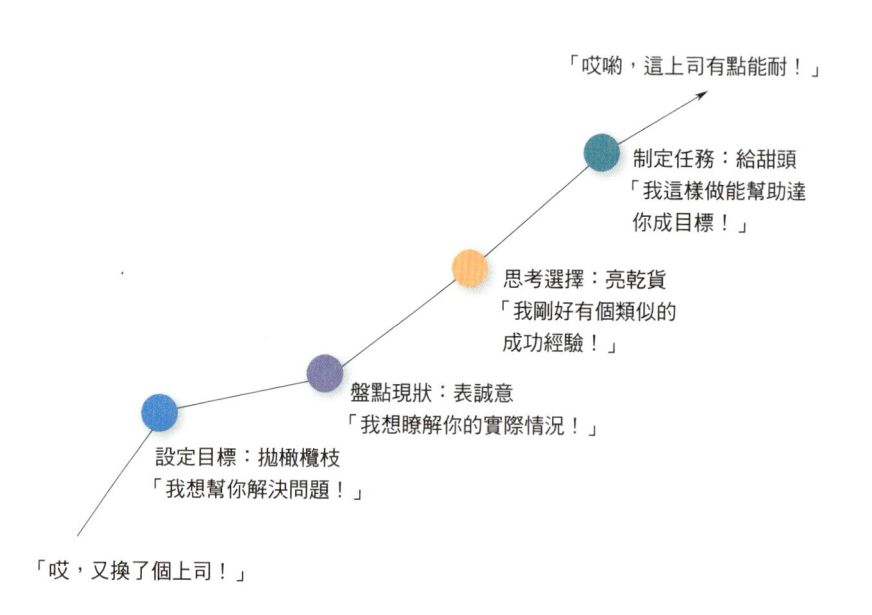

「哎喲，這上司有點能耐！」

制定任務：給甜頭
「我這樣做能幫助達你成目標！」

思考選擇：亮乾貨
「我剛好有個類似的成功經驗！」

盤點現狀：表誠意
「我想瞭解你的實際情況！」

設定目標：拋橄欖枝
「我想幫你解決問題！」

「哎，又換了個上司！」

圖3-5 「4步提升認可法」路線示意

工具 12　理好事：「要事優先3漏斗法」，快速達標

作為一名新晉管理者，企業或上司要根據你帶領團隊做出的業績對你進行評估，以判斷你是否能夠成為一名合格乃至優秀的管理者。此時，你面臨的最大挑戰是如何一邊適應新環境、新身分，一邊在企業規定的時間內帶領團隊達成工作目標。

面臨挑戰

當你面對手中煩瑣的工作任務時，你知道自己應該提前做好計畫，但在實際的工作安排中，常常面臨以下挑戰：

- 要處理的重要工作不止一件，它們無法同時進行，但你不知該如何排序。
- 時間緊、任務重，你想帶領團隊完成最關鍵的工作，但總是抓不準工作任務中的重中之重。
- 你相信「磨刀不誤砍柴工」的管理思維，但等你帶領團隊將「刀」磨得鋒利時，卻發現「柴」都快被砍光了。

傳統操作

為了解決這些問題,你可能做過以下關於「要事優先」的嘗試:

- 先做重要且緊急的任務,後做重要不緊急的任務。
- 制定詳細的工作計畫。
- 使用各類時間管理工具。
- 當你嘗試過以上這些傳統操作後,發現自己依然無法準確地做到要事優先,工作依然一團亂麻。這說明你需要使用新的工具——「要事優先3漏斗法」,來幫你篩選出要事,助你快速達標。

解決方案

所謂知行合一,在使用「要事優先3漏斗法」之前,你要弄清楚「要事優先」的真正內涵。

所謂「要事優先」,顧名思義,就是重要的事情要優先處理。當你面對多項工作任務時,要將時間和精力優先聚焦在最重要的工作任務上,動用所有的資源優先完成該工作。「要事優先」的工作方法符合義大利經濟學家維爾弗雷多・帕累托(Vilfredo Pareto)提出的「二八法則」——20%的工作將帶來80%的結果。

「要事優先」的內涵聽起來很簡單,但在實際的運用過程中,你發現自己根本不知道如何區分出要事。「要事優先3漏斗法」,就是將你所有的重要工作任務放進「潛在風險漏斗」「影響力漏斗」和「窗口期漏斗」之中(見圖3-6),進行篩選、過濾,最終幫你區分出真正的要事——當務之急的工作任務。

```
        輸入重要工作任務
              ↓
         潛在風險漏斗
         影響力漏斗
         窗口期漏斗

      當務之急的工作任務
```

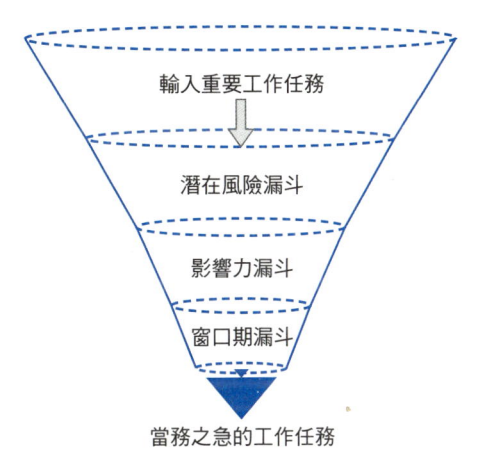

圖3-6 「要事優先3漏斗法」示意

1. 潛在風險漏斗

「要事優先3漏斗法」的第1層漏斗是「潛在風險漏斗」。該漏斗是透過對工作任務進行風險評估來篩選要事，評估的維度有兩個，如圖3-7所示。

	與權責有關的風險	與技術有關的風險
損失大	放棄	放棄
損失小	如權責方不可控因素較多，建議放棄；如權責方在可控範圍內，建議流轉到第二步	流轉到第二步

圖3-7 潛在風險漏斗篩選結果示意

第一個風險評估的維度是任務類別。它可以分為與權責有關的風險和與技術有關的風險。前者是與人有關的風險，在團隊內部，每個人都有屬於自己的權責，只有每一份權責都被充分履行，該任務才能達標。後者是與事有關的風險，比如，研發類的工作任務要想成功達標，會受到技術制約。

　　第二個風險評估的維度是任務失敗後所造成損失的大小。比如，要評估某一項工作任務失敗後會給企業或團隊造成的損失是大還是小。

　　你在使用「潛在風險漏斗」時，可以從以下3個角度進行分析與判斷。

(1) 暫時放棄失敗後所造成損失較大的工作任務

　　無論該工作任務的潛在風險與權責有關還是與技術有關，只要它失敗後所造成的損失較大，你就應該暫時放棄。因為在履新之初，你要挑選失敗後所造成損失最小的要事完成，那些失敗後所造成損失較大的工作任務可以暫時擱置。

(2) 對權責方進行評估

　　對於潛在風險屬於權責風險且失敗後所造成損失較小的工作任務，你應該對該工作任務的執行團隊與協作團隊——權責方進行評估，判斷對方是否在你的可控範圍內。如果你對相關團隊的情況十分瞭解，並且對自己的管理能力與影響力有自信，那麼就可以將該分類下的工作任務直接轉移到第2層漏斗進行下一步評估；如果你對相關團隊的瞭解程度有限，那麼你可以暫時延後這類工作任務。

(3) 直接流轉到下一步漏斗的工作任務

對於潛在風險屬於技術風險且失敗後所造成損失較小的工作任務，你可以直接將其轉移到第2層漏斗進行下一步評估。因為技術風險的可控性較高，防範此類風險的方法有很多，比如，你可以透過請教技術專家、翻閱專業資料等各種方式防範風險。

2. 影響力漏斗

「要事優先3漏斗法」的第2層漏斗是影響力漏斗。該漏斗是透過對工作任務的間接影響、直接影響和重大直接影響三個方面進行要事篩選，如圖3-8所示。

間接影響　直接影響　重大直接影響

圖3-8　影響力漏斗篩選結果示意

你在使用「影響力漏斗」時，可以從以下兩個角度進行分析與判斷。

(1) **可以暫時擱置的工作任務**

可以暫時擱置的工作任務有兩類：一類是具有間接影響，與目標達成無直接關係的工作任務。這類工作任務通常不重要，可以等你有時間和精力時再去完成，所以屬於可以擱置的工作任務。另一類是對目標達成具有直接影響且對團隊未來發展具有關鍵性影響的工作任務。這類任務往往是長期任務，無法在短期內完成，所以可以被暫時擱置。

(2) 可以流轉到第3步的工作任務

可以流轉到第3步的工作任務有兩類：一類是對目標達成具有直接影響且對團隊未來發展沒有關鍵性影響的工作任務；另一類是對目標達成具有直接影響的工作任務，這類工作任務的完成度與團隊最終目標達成有直接關係，即只要完成該任務，團隊的最終目標就能達成。比如，你所帶領的團隊當月的業績目標是10萬元，如果此時有一個客戶能為你的團隊貢獻12萬元的業績，那麼意味著你的團隊只需要拿下這一個客戶，就能完成當月的業績目標。此時，你應該把所有的精力和時間投入到該客戶的成交中，這一項工作就是你現在的要事。

3. 窗口期漏斗

「要事優先3漏斗法」的第3層漏斗是窗口期漏斗。該漏斗是對工作任務的終極篩選。你需要在這一漏斗中透過「窗口期寬」「窗口期不確定」和「窗口期窄」三個方面篩選出當務之急的工作任務，如圖3-9所示。

你在使用「潛在窗口期漏斗」時，可以從以下兩個角度進行分析與判斷。

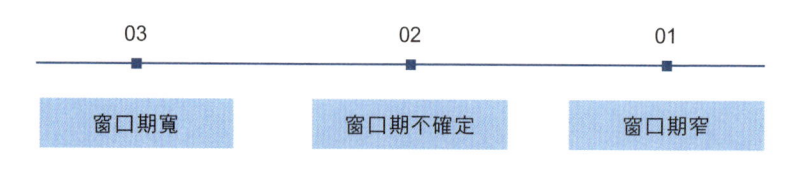

圖3-9　窗口期漏斗篩選結果示意

(1) 馬上要做的工作任務

馬上要做的工作任務分兩類：一類是窗口期窄的「O1」工作任務。這類工作任務對時間很敏感，大多是馬上就要完成的，所以是所有工作任務中的當務之急，需要你立刻完成。另一類是如果沒有窗口期窄的工作任務或是做完窗口期窄的工作任務後，你需要馬上做窗口期不確定的「O2」工作任務。這類工作任務對時間的敏感程度不強，你可以優先完成短時間能立刻達標的工作任務，儘快帶領團隊拿結果。

(2) 可以延後處理的工作任務

可以延後處理的工作任務是窗口期較寬的「O3」工作任務。這類工作任務不需要立刻完成，許多戰略性工作都屬於此類工作任務。比如，因為公司戰略調整帶來的新產品研發工作。由於「O3」工作任務對時間要求較低，這類任務是這一階段所有工作任務中不確定因素多的一類，你需要為團隊尋找最合適的達成時機。如何找到這個時機呢？你可以採用「三思而後行」的應對策略，先進行趨勢判斷、深度思考，再帶領團隊完成此類工作任務。

需要注意的是，在窗口期漏斗，你將工作任務分為「O1、O2和O3」，並不代表「O2和O3」工作任務無須馬上完成。事實上，透過前兩層漏斗的篩選，能進入窗口期漏斗的工作任務大多是需要儘快解決的要事。窗口期漏斗是為了篩選出最終的要事，對工作任務進行優先順序排序。總結成一句話：「要事優先3漏斗法」的目的是找出要事中的要事，助你集中力量辦大事。

工具總結

「要事優先3漏斗法」是一個工作任務優先順序篩選工具,如表3-1所示。你可以先透過3層漏斗為自己的團隊逐步篩選出當務之急的工作任務,然後集中火力去完成它,讓團隊力出一孔,帶領團隊快速達成目標。

表3-1 「要事優先3漏斗法」工具分析

漏斗名稱	工作任務篩選方式
潛在風險漏斗	優先選擇技術類且損失小的工作任務,如果你的團隊有主場優勢則可以把權責類且損失小的工作任務一併選出,並轉移到下一層漏斗
影響力漏斗	優先選擇具有直接影響力的工作任務,如果沒有,則選擇有間接影響力的工作任務,然後將它們轉移到下一層漏斗
窗口期漏斗	時間敏感度高的工作任務就是當務之急需要去完成的任務,因此,別猶豫且要調動全部資源拚命達成

工具 13 搞好關係:「7 步供需圖譜」,快速贏得好人緣

一個合格的管理者應具備的能力之一是能夠很好地與團隊成員、上司、客戶等相處融洽,這是管理者順利且高效推進團隊工作的前提。那麼,作為新晉管理者,你要如何與他們相處才能快速贏得好人緣呢?

面臨挑戰

請你回想一下,為了能與團隊成員、上司、客戶等相處融洽,你是否面臨過以下挑戰:

- 加班幫助團隊成員完成工作,對方卻認為你在「幫倒忙」。
- 帶領團隊熬夜完成了一項工作任務,上司卻表示你完成的任務不符合要求。
- 你為了應對各種小客戶,忽略了大客戶,結果因小失大。

傳統操作

為了應對這些挑戰,你可能有過以下嘗試:

- 主動詢問團隊成員的訴求。
- 多次主動與上司溝通任務的要求。
- 投入更多資源在大客戶身上。

如果你嘗試過以上這些傳統操作,發現自己仍然難以得到團隊成員、上司和客戶的認同,那麼你需要使用新的工具——「7步供需圖譜」,助你快速贏得好人緣。

解決方案

在使用「7步供需圖譜」前,你需要明白贏得好人緣的一個底層邏輯:人和人之間相處的本質是利益交換,贏得好人緣的關鍵是平衡供需關係。通俗易懂地說,就是我能為他人提供什麼價值,我需要他人為我提供什麼價值。如果兩者之間的價值是對等的或相差不大,那麼你就可以和他人融洽相處。這也正是「7步供需圖譜」為何以「供需」命名的原因所在。

那麼,「7步供需圖譜」具體是如何操作的呢?小錢是一家企業業務部門的管理者,他正苦惱於自己在企業沒有好人緣。這裡以小錢為例,教你如何操作「7步供需圖譜」。

第1步

小錢準備了一張白紙,並在紙的正中間位置畫上一個圓圈,在圓圈中寫上自己的名字。

第2步

小錢將與自己利益相關的個人和群體的名字,分別寫入中心圓圈周圍的圓圈中,如圖3-10所示。

透過下圖可以看到,小錢的內部利益相關者為財務部、老闆和小錢管轄的業務團隊;外部利益相關者是客戶。其中,大客戶A為小錢的團隊提供了50%的業績,是小錢需要重點關注的客戶,其他客戶統稱為「客群」。需要注意的是,你在進行第2步的操作時,要盡可能地列舉出所有利益相關者,利益相關者寫得越細緻,後續分析將會越全面。

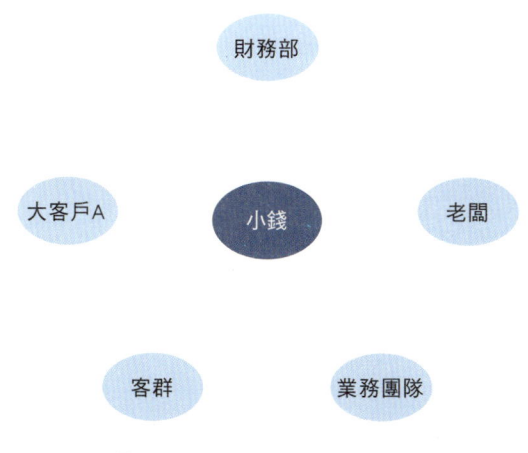

圖3-10 「7步供需圖譜」的第1步和第2步示意

第3步

　　小錢在中心圓圈與每個圓圈之間畫出了連接線，並在線上簡單寫明了利益相關者需要他為其提供什麼價值，如圖3-11所示。

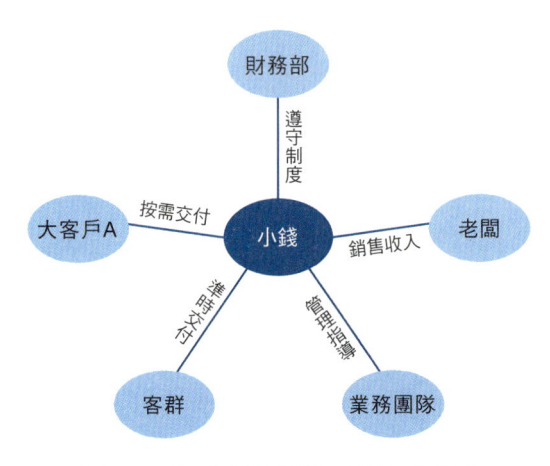

```
          財務部
           │
         遵守制度
           │
  按需交付  │  銷售收入
大客戶A ── 小錢 ── 老闆
  準時交付 │  管理指導
           │
    客群      業務團隊
```

圖3-11 「7步供需圖譜」的第3步示意

　　透過上圖可以看到，財務部門需要小錢及其團隊遵守企業的財務制度；老闆需要他帶領團隊實現銷售收入；業務團隊需要他的管理和指導；客群需要他準時交付產品；大客戶A需要他按需交付產品。每個利益相關者對小錢的價值需求都不盡相同，小錢需逐一列舉出這些價值需求，並且與對方確認自己的理解是否準確，避免出錯。

第4步

小錢在每個圓圈的上方標注出利益相關者為什麼要對他提出相應的價值需求，即利益相關者的行為邏輯，如圖3-12所示。

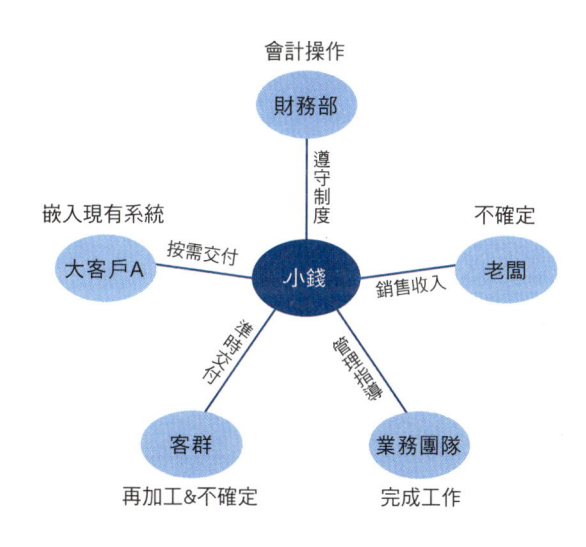

圖3-12 「7步供需圖譜」的第4步示意

在這一步，小錢發現有的利益相關者的行為邏輯他並不能100%確定。比如，小錢並不確定老闆為什麼要求他完成現在的銷售收入目標。因為有這些「不確定」因素的存在，小錢很難針對利益相關者的需求，拿出快速打動他們的產品、方案與成績。

作為一名新晉管理者，你在企業中處於承上啟下的位置，上有客戶、上司，下有團隊，要想發揮出這個位置的作用，必須深入瞭解所有利益相關者的需求，為贏得好人緣奠定基礎。

第5步

小錢更換另一種顏色的筆,在連接線的另一側寫明自己需要利益相關者為其提供什麼樣的價值,如圖3-13所示。

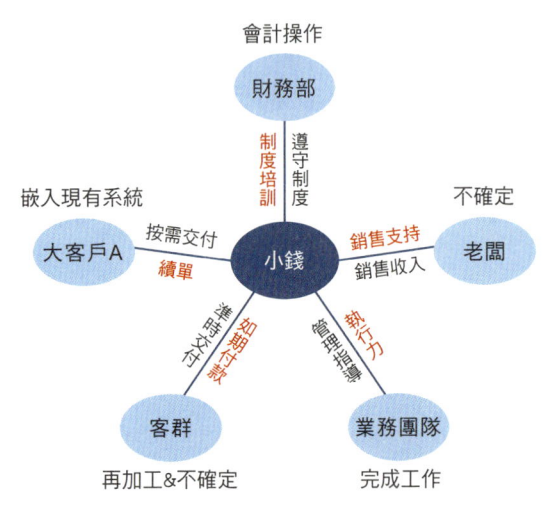

圖3-13 「7步供需圖譜」的第5步示意

透過上圖可以看到,財務部需要對小錢及其業務團隊進行必要的制度培訓,小錢及其業務團隊才能更好地遵守財務部制定的規章制度;老闆需要給予他必要的銷售支援,他才能更好地開展工作,達成老闆對他的業績要求;業務團隊需要具有執行力,才能高效地完成工作,最大化地凸顯小錢的管理與指導作用;其他客群需要如期付款,小錢才能準時交付產品;大客戶A需要續單,小錢才能更好地洞察他的需求,按需交付產品。

第6步

小錢將目前佔用自己大部分時間和精力的利益相關者在圓圈中塗上其他顏色，如圖3-14所示，並開始反思在這兩個利益相關者身上耗費的大量時間是否能夠獲得高額回報，是否符合「二八法則」。

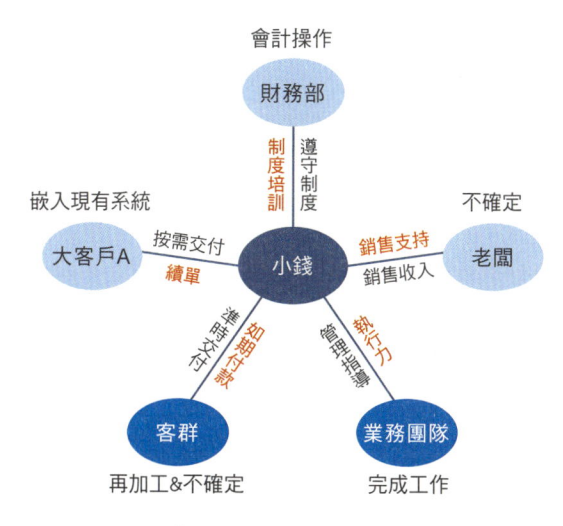

圖3-14 「7步供需圖譜」的第 6 步示意

這是繪製「供需圖譜」的過程中對小錢的視覺與認知產生衝擊最強的環節。小錢給「業務團隊」和「客群」塗上顏色後才意識到自己應該在大客戶A身上投入大量的時間和精力，而非客群。因小失大帶來的結果是小錢與大客戶A之間的供需不平衡——小錢不能滿足大客戶A「按需交付」的需求，大客戶A也不能滿足小錢「續

單」的需求。所以，小錢與大客戶A的關係將很難維持下去。

第7步

　　小錢對「7步供需圖譜」中的「不確定」部分進行了全面復盤，並開始瞭解自己不確定的資訊，化不確定為確定。

　　在這一步中，你需要特別注意兩種極端情況。第一種極端情況是塗有顏色的利益相關者反而擁有最多的「不確定」部分，即你花費了最多時間的利益相關者是你最不瞭解的對象。當這種情況發生時，說明你與利益相關者的溝通存在很大問題。這時，你需要再次向相應的利益相關者逐一核對你不確定的資訊，等確定資訊後再調整自己的工作內容，確保自己能滿足對方的需求。

　　第二種極端情況是「不確定」部分集中在某一步驟。比如，小錢在標注利益相關者的行為邏輯時，存在很多「不確定」部分。當這一現象出現，說明你與利益相關者之間的供需失衡出現在某一特定點上。這一特定點就是導致你人緣差的關鍵點，你應該準確找到自身工作中的關鍵點，主動反思、對症下藥，這樣才能達到供需平衡，贏得好人緣。

工具總結

　　「7步供需圖譜」是一個按步繪圖工具，如表3-2所示。該工具旨在讓你釐清與利益相關者的供需是否保持平衡，並根據供需情況調整供需策略，從而與所有利益相關者融洽相處，達到在短時間內贏得好人緣的目的。

表3-2 「7步供需圖譜」行為分析

步驟	行為
第1步	準備一張白紙，在紙的正中畫一個圓圈，在圓圈中寫上你的名字
第2步	把與你利益相關的個人和群體的名字寫在中心圓圈周圍的圓圈中
第3步	在中心圓圈與每個圓圈之間畫一條連接線，線上簡單寫明該利益相關者對你的需求
第4步	每個圓圈上方標注該利益相關者為什麼會對你提出上一步中的要求
第5步	換顏色在連接線的另一側寫明為滿足利益相關者的需求，你需要或期望對方提供什麼資源
第6步	將目前佔用你大部分時間的利益相關者圓圈塗上陰影，反思時間的投入是否具有相應的回報
第7步	復盤整體圖譜中哪些利益相關者的不確定因素最多，儘快確認和改進

工具 14　時間管理：「折疊時間管理法」，快速拿結果

許多新晉管理者都會在履新之初陷入這樣的困境：團隊無法按時、按質完成工作任務，導致大量的工作都積壓在你身上，事事親力親為讓你感到精疲力竭。

面臨挑戰

為了能在最短的時間內讓團隊拿到結果，你往往面臨以下兩大挑戰：

- 團隊成員無法獨立完成工作任務，凡事都需要你親力親為才能完成。
- 重複、單調的工作任務太多，佔用了你和團隊成員的大量時間。

傳統操作

為了應對以上挑戰，你不止一次地嘗試過以下操作：

- 加大對團隊成員的培訓、輔導力度。
- 購買外包服務。

如果你嘗試過以上這些操作，依然改變不了現狀——團隊成員沒有得到成長，團隊拿不到結果，事必躬親，那麼說明傳統操作已經不再適用，你需要使用新的工具——「折疊時間管理法」。掌握科學的時間管理方法，快速帶領團隊拿結果。

解決方案

「折疊時間」是指在同一段時間內，你和團隊成員同步完成多項工作，猶如將時間「折疊」了。比如，當你的團隊成員對工作不熟悉，需要排隊等待你指導時，如果有5項工作待做，那麼你和團隊成員需要花費5個小時才能完成；當你的團隊成員不需要你指導便可完成工作任務時，那麼同樣的5項工作，你可以和團隊成員同步完成，只需要花費1個小時。這樣一來，你和團隊成員成功「折疊」了4個小時。這種在一個時間段內做出多項成果的時間管理方法，就是「折疊時間管理法」。

「折疊時間管理法」的核心是讓團隊自動化運作起來，每個團隊成員各司其職、有條不紊地開展工作。「折疊時間管理法」的具體操作可以依照以下4步進行：

1. 設計工作範本

或許你曾經暢想過，複製出多個自己組建成一個團隊，這樣不僅不用花費時間輔導他人，還能提升工作品質，加快工作速度。雖然複製自己不切實際，但你可以透過設計工作範本達成同樣的效果，實現時間「折疊」。

為什麼設計工作範本能達成「折疊時間」的效果？因為工作範本是你對工作技能、工作方法、解決問題的思路等優秀工作經驗的總結。當你把清晰的工作範本發給團隊成員後，團隊成員可以直接按照工作範本完成工作內容，這相當於團隊成員在工作上成為另一個你，從而能夠快速拿到結果。

在設計工作範本時，你要考慮的重點是如何讓工作範本更實用。有些管理者設計的工作範本，團隊成員拿到後依然無法運用到實際的工作中，因為管理者設計的工作範本不能實際運作。比如，一些管理者設計的工作範本屬於「教條式工作範本」，只能傳輸一些眾所周知的道理。這樣的工作範本雖然挑明了工作中的問題，但並沒有告訴團隊成員具體做法，團隊成員無法拿來就用。

最實用的工作範本是「工具式工作範本」，這種工作範本更多地闡述了具體的工作方法和技巧，開門見山地向團隊成員輸出了對應的工具。如果能設計出這樣的工作範本，那麼你就能使團隊成員直接將工具運用到實際的工作場景之中，短時間內就能實現團隊自動化運作，拿到較好的結果。

2. 設計工作流程

很多管理者已經意識到將工作流程標準化，讓團隊成員按照統一流程有序地開展工作，能有效實現「時間折疊」。然而當你設計工作流程時，往往會出現兩個問題：一是工作流程設計得過於冗長，降低了團隊成員的工作效率；二是工作流程設計上存在節點空缺，團隊成員難以完整且流暢地執行工作流程。

那麼，你應該怎樣避免類似問題的發生呢？你需要遵循工作流程設計的「123原則」來設計工作流程，如圖3-15所示。

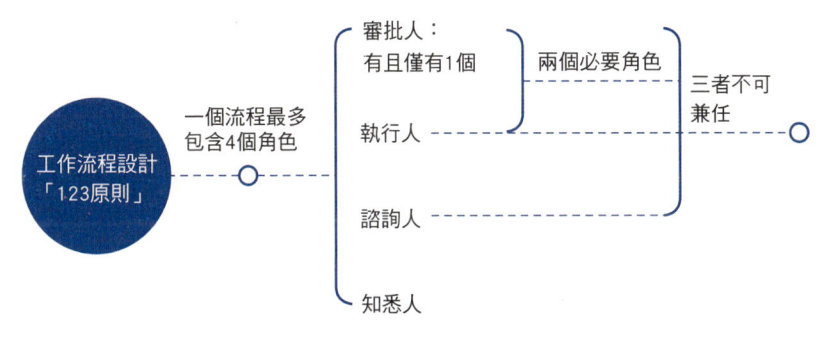

圖3-15 工作流程設計的「123原則」

工作流程設計「123原則」中的「1」是指一個工作流程中只能有一個審批人；「2」是指一個工作流程中有兩個必要角色，分別是執行人和審批人；「3」是3個角色不可兼任，執行人不能同時兼任諮詢人和知悉人。

掌握以上工作流程設計的原則後，你可以設計適合自己團隊的

「流程分工範本」，如表3-3所示。該範本不僅能簡化工作流程，還能助你明確團隊成員的權利與責任，讓團隊中的所有人都能在一個既定的工作流程中自動運作，逐步提升自己與團隊的效率。

表3-3　流程分工範本

角色	人員	任務	時間	備註
執行人				
審批人				
諮詢人				
知悉人				

除日常的團隊管理工作外，專案制工作也十分適合運用「流程分工範本」。以剛跳槽到新企業擔任行政部部長的王坤為例。王坤上任時正趕上企業年底籌備年會，年會是行政部門每年的「重頭戲」，身為行政部部長的王坤一旦做好該工作，不僅能博得滿堂采，還能提前轉正。為了盡快做好年會的籌備工作，王坤運用「流程分工範本」對年會環節進行了梳理，並製作了年會籌備流程分工表，如表3-4所示。

王坤製作的「年會籌備流程分工表」並不複雜，但基本包含了籌備一場年會的所有關鍵點。「年會籌備流程分工表」將王坤從繁雜的籌備工作中拯救出來，他只需要站在全域把控這場年會，不用事無鉅細地過問每項年會籌辦工作。最終，王坤不僅成功地籌辦了年會，還騰出時間和盡力適應新環境，大幅「折疊」了自己的時間。

表3-4　年會籌備流程分工表

角色	人員	任務	時間	備註
執行人	張麗	明確年會場地及餐食服務	1週	與財務部明確今年預算
執行人	李偉	完成年會籌辦方案撰寫	2週	
審批人	王坤	人、財、物的總控	3週	
諮詢人	鄭總	請教年會籌備經驗	隨時	鄭總是去年年會的籌備者，經驗參考價值很高
知悉人	劉總	同步年會工作關鍵節點，確保兄弟部門協同	關鍵節點	劉總是人力資源部負責人，籌辦年會需其配合完成

3.沉澱知識

每項工作無論成功與否，其所沉澱的知識和經驗都是你和團隊可以借鑑的寶藏。你可以將自己和團隊過去的工作知識和經驗沉澱下來，整理成團隊成員可以學習的方法和使用的工具，讓團隊成員的工作更加規範且高效。當團隊成員的知識積累到一定程度後，團隊成員工作起來將越來越順暢。這種基於知識沉澱而提升的工作效率，具有一定的慣性，只要知識的沉澱一直在繼續，團隊便能一直提升工作能力，最終形成「飛輪效應」，越轉越快，越轉越穩，進而實現團隊的自動化運作。

這一步的重點在於你該如何讓團隊保持住這種慣性，即如何持續性地沉澱知識。正確的操作是定期復盤。你需要定期讓團隊成員坐在一起，就以下5個問題進行復盤。

- 問題1：最近我們的哪些工作成績斐然？
- 問題2：我們工作成功的關鍵因素是什麼？
- 問題3：最近我們的哪些工作成績堪憂？
- 問題4：我們工作失敗的直接原因是什麼？
- 問題5：基於以上4個問題的答案，我們發現了哪些規律？

在以上5個問題中，問題5是團隊需要討論的關鍵問題。你要帶領團隊總結出工作中的規律，這些規律的效用並不單一，它們既涉及失敗的教訓又涉及成功的經驗，是團隊最珍貴的知識寶藏。

4. 借助外力

借助外力是指你可以借助技術工具或者外包業務縮減團隊工作量，提升團隊的工作效率。比如，你可以透過圖表工具進行資料自動化分析和處理，將人力節省出來；還可以將一些重複度高且沒有技術含量的工作外包出去，讓團隊成員聚焦重要工作，以此讓時間的「折疊」更上一個台階。

工具總結

「折疊時間管理法」為你整合了4個時間管理工具，如表3-5所示。該方法旨在讓團隊實現自動化運作，讓管理者把時間「折疊」起來，進而在短時間內達到成果。

表3-5 「折疊時間管理法」狀態分析

時間管理工具	目的	原理
設計工作範本	實現團隊自動化運作	把知識傳輸類培訓變成工具交付式培訓，把經驗複製給團隊，「折疊」輔導時間
設計工作流程		確保團隊各司其職，責任到人，「折疊」管理時間
沉澱知識		沉澱經驗，將問題解決方案體系化，形成團隊效率的「飛輪效應」，「折疊」團隊整體工作時間
借助外力		借助技術工具或外包業務完成重複度高且技術含量低的工作，讓時間「折疊」更上一個台階

工具 15 特殊上任:「變革閉環管理法」,快速整頓團隊

本章前面的工具11～工具14是針對剛晉升為管理者或跳槽到另一家企業任職管理者的人,工具15是針對特殊上任的管理者。「特殊上任」是指企業內部的跨團隊調派。比如,你從企業總部被調任至某分公司擔任管理者,或被安排到其他城市籌建一個新的業務部門等。雖然這樣的調派沒有讓你離開原來的企業,但你要面臨的問題也並不少,因為跨團隊調派通常是被派駐到業績不好或需要進行改革的組織中去。被調派過去後,你的首要任務就是整頓原團隊。那麼,在調派期間,你該如何快速整頓團隊,讓「舊團隊」具有打勝仗的戰鬥力呢?

面臨挑戰

被調派到新的團隊後,你可能面臨以下挑戰:

- 原團隊對你有抵觸情緒,配合度不高。

- 原團隊已經形成穩定的運作流程，思想固化，不願意接受改變。
- 原團隊業績差且認為業務下滑與行業趨勢有關，並非團隊能力問題。

傳統操作

自上任以來，決心要對原團隊進行改革的你或許已經嘗試過以下操作：

- 頻繁召開全員改革宣講會。
- 頻繁召開管理團隊變革討論會和追蹤會。
- 不斷改進業績考核機制與評價標準。

當你嘗試過以上這些傳統操作，仍然無法提高團隊的積極性，原團隊依舊故步自封時，這說明你需要使用新的工具——「變革閉環管理法」，快速整頓團隊。

解決方案

「變革閉環管理法」是指透過「定目標」「定任務」「控進度」和「盤結果」讓團隊的變革形成閉環，逐步提升團隊能力，如圖3-16所示。

「變革閉環管理法」的具體操作可以依照以下4步來進行：

第1步：定目標

「定目標」是指在開始變革前，你要制定一個變革目標。在制定變革目標時，你需要明白一個底層邏輯：企業中的任何變革都是

```
        定目標
   ↗         ↘
盤結果         定任務
   ↖         ↙
        控進度
```

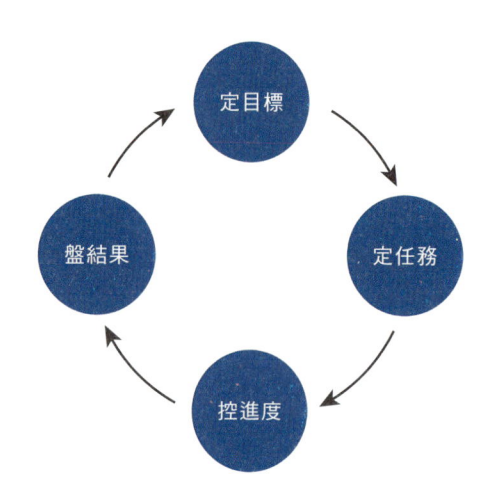

圖3-16　變革閉環管理法

為提升企業盈利能力為目的。因此，你制定的目標必須圍繞「提升企業盈利能力」展開。比如，某企業總部技術部核心成員小張被調派到企業分公司擔任技術部門一員，他制定的變革目標是透過技術革新降低分公司生產成本，從而提高分公司產品利潤。

制定好變革目標後，你還需要填寫目標制定表，在表中寫明變革目標、變革開始和結束的時間、變革期間的財務預算和變革價值，如表3-6所示。

表3-6　目標制定表

變革目標					
開始時間		結束時間		財務預算	
變革價值					

看到這裡許多管理者可能會有疑問，在「目標制定表」中寫明變革目標、變革開始和結束的時間很好理解，為什麼還要寫明財務預算和變革價值呢？

寫明變革期間的財務預算是因為變革通常會涉及積壓庫存的處理、新設備的採購等問題，你需要根據財務預算處理這些問題，確保變革期間所有支出都是必要且有效的。

寫明變革價值是為了讓團隊成員知道變革成功後會發生什麼樣的變化。比如，你制定了提升企業市場份額的變革目標，那麼你可以在變革價值中寫出該變革目標達成後，企業在行業中的地位提升、企業市場佔有率提高、團隊成員收入隨之提高等變化。這些變化將成為團隊成員接受和推動變革的動力，變革價值越大，團隊成員越容易接受和推動變革目標。

第2步：定任務

「定任務」是指你在制定完變革目標後要根據變革目標制定相應的工作任務。「定任務」的主要流程是根據變革目標，確認達成目標的關鍵結果，再根據關鍵結果制定關鍵任務，如圖3-17所示。

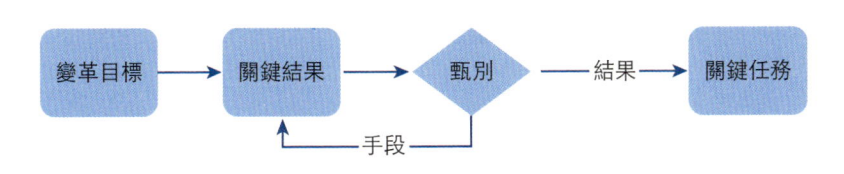

圖3-17　定任務的流程

為什麼在變革目標與關鍵任務之間存在關鍵結果指標呢？因為關鍵結果的達成意味著變革目標的達成。因此，你在制定關鍵任務時，要圍繞關鍵結果進行。但在現實情況中，許多管理者錯把手段當作了結果，導致關鍵結果與關鍵任務錯位，從而定錯了任務。

比如，某團隊的變革目標是「年度業績增長10%」，團隊討論後認為「年度銷量增加20%」或「多招3個一級代理商」就可以實現該目標。但這兩者並不都是關鍵結果，「多招3個一級代理商」只是達成「年度銷量增加20%」這一結果的一種手段。當團隊錯將「多招3個一級代理商」作為象徵整體目標達成的關鍵結果時，就會發現「多招3個一級代理商」有時並不能使「年度業績增長20%」。因此，「年度銷量增加20%」才是該團隊達成整體目標的關鍵結果，該團隊應該圍繞這一關鍵結果制定關鍵任務。

此外，你還應該讓核心成員深入參與到任務制定中來，原因有兩個：一是因為他們常年與各種客戶打交道，是對市場最敏感的人；二是因為他們對團隊資訊瞭若指掌，能夠幫助你快速瞭解新環境和新團隊。為了激勵核心成員參與到任務制定中來，你可以頒佈一些激勵政策，增強他們在定任務環節的參與感，讓他們明確感受到自己在團隊中和你面前的話語權。如此一來，核心成員將很有可能成為你的第一批擁護者，將對你的變革起到決定性的推動作用。

需要注意的是，為了提高變革的成功率，你在帶領團隊定任務時，應該盡可能地在變革初期安排一些能在短時間內看到成效的任務，儘早讓團隊成員看到變革的好處，以增強團隊成員變革的決心與動力。

第3步：控進度

「控進度」是指你在制定好關鍵任務後，要時刻關注相關任務的執行過程與進度，並定期召開進度追蹤會。在變革初期，你可以將召開追蹤會的頻率設置為每週1~2次。隨著變革的深入，你可以調整、拉長召開追蹤會的週期，直至召開追蹤會的頻率被調整為每月1次。

在控進度環節，你的追蹤行為需要分兩個層次進行：一是對任務進度進行監控，即觀測工作任務是否按照既定計畫有序展開；二是對執行團隊成員的心態進行評估，因為決定一項工作任務成敗的未必是團隊成員的執行力，成員的心態也十分重要。評估團隊成員心態的最佳時機有兩個：一是團隊成員完成階段性任務時；二是團隊成員未完成階段性任務時。

(1) 團隊成員完成階段性任務時

當團隊成員已經完成階段性任務時，他可能出現以下3種情緒：

第1種情緒是消極悲觀的情緒。如果有團隊成員在完成階段性任務後出現了消極悲觀的情緒，那麼你需要給予對方適度的關注，瞭解情緒背後的原因並給予力所能及的幫助。員工出現消極悲觀情緒是一種反常現象，這種現象產生的原因可能與工作無關，它或許是員工長期緊張工作後導致的身心疲憊，也或許是員工長期高張力工作引發了家庭矛盾。雖然這些原因看似與工作任務沒有直接關係，但會直接影響到一個人的工作狀態。現實中的不少安全生產事

故都發生在員工因家庭矛盾導致在工作中分心時，最終釀成無法轉圜的慘劇。

第2種情緒是沉著冷靜的情緒。如果團隊成員在完成階段性任務後依舊保持著沉著冷靜的情緒，那麼你需要對其進行鼓勵，充分肯定他的工作成果，並主動詢問後續工作開展是否存在困難。

第3種情緒是積極樂觀的情緒。如果團隊成員在完成階段性任務後表現出積極樂觀的情緒，那麼你可以對其進行充分肯定，並與他一起明確下一步的工作計畫，為後續工作的順利開展奠定基礎。

(2) 團隊成員未完成階段性任務時

當團隊成員未完成階段性任務時，他也可能出現以下3種情緒：

第1種情緒是消極悲觀的情緒。未完成階段性任務時，團隊成員出現這種情緒很正常。為了能讓團隊成員繼續有效推進變革，你要以鼓勵為主，充分肯定團隊當下的成果，並冷靜、客觀地分析目標未達成的原因，及時調整和改進工作方法或工作計畫。需要注意的是，管理者在這一階段不應該過分追責。在改革初期，團隊成員的勇氣比責任更重要，追責行為容易造成團隊成員為了免責而止步不前，甚至紛紛後退的情況，因此而造成變革失敗的案例比比皆是。

第2種情緒是沉著冷靜的情緒。如果團隊成員在未完成階段性任務時依舊能保持沉著冷靜，那麼說明他心態穩定，你可以肯定其做出的成果，幫助其分析未達成階段性任務的原因，並制定改進策略。

第3種情緒是積極樂觀的情緒。如果團隊成員在未完成階段性任務時表現得尤為積極樂觀，那麼你也需要高度關注他。除非對方性格是積極樂觀的，會越挫越勇，否則此人極可能會是變革的反對者，未達標的現實結果正是他希望看到的。這類人是變革進程中最大的「絆腳石」，在識別出這類人後你不能放任不管，需要與他們進行深入溝通，瞭解他們不接受變革的原因。如果最終能透過溝通改變他們對變革的看法，自然皆大歡喜；如果對方仍然固執己見，為了確保變革能發揮效果，你需要考慮他是否還適合留在你的團隊中。

第4步：盤結果

「盤結果」是指你在完成以上3個步驟後，要根據團隊的變革情況進行復盤。盤結果的目的是促進下一階段變革工作的順利開展。這一步雖然是「變革閉環管理法」的最後一步，但實際上在整個變革進程中起到的是承上啟下的作用。復盤後總結的經驗和方法可在下一階段的變革中使用。因此，你在執行這一步時，除了總結上一階段的變革工作，還要制訂下一階段的變革計畫。關於復盤會議如何開展，你可以按照工具14中的「復盤5問」進行。

工具總結

「變革閉環管理法」是一個團隊能力提升工具，如表3-7所示。該方法旨在讓你上任後能順利開展團隊變革，快速提升團隊能力，讓團隊具有打勝仗的能力。

表3-7 「變革閉環管理法」狀態分析

步驟	方法
定目標	在變革開始前,制定一個變革目標
定任務	根據變革目標,制定相應的工作任務
控進度	時刻關注相關任務的執行過程與進度,並定期召開進度追蹤會
盤結果	根據團隊成員的變革情況進行復盤

最強工作術
暢享職場人生的 30 個實用工具

第四階段

績效管理，帶領團隊打勝仗

　　一個高績效團隊的背後，一定有一個能做好績效管理的上司。如何帶領團隊完成高難績效目標？ 如何執行好績效任務？ 如何讓自己既幹得好也說得好，贏得上司的賞識，照亮績效成果？ 如何帶領團隊做好績效復盤？ 面對不理想的績效結果，應該如何應對？用好本章的 5 個工具，破解績效管理難題，讓你帶領團隊打勝仗。

工具 16 績效目標：「很可能有戲法」，制定高挑戰目標

績效管理是指管理者和員工為了實現企業目標，共同參與的績效目標制定、績效任務執行、績效述職、績效評估與回饋、績效復盤、績效結果應對等連續迴圈過程。績效管理的目的是持續改進個人、團隊和組織的績效。在績效管理中，管理者是實施的主體，起著橋梁的作用，對上要對企業的績效管理體系負責，對下要對團隊成員的績效提高負責。所以，管理者要具備績效管理能力，這樣將有助於達成業績目標和培養員工，從而實現組織和員工的共同發展。

根據公司總體目標制定團隊及團隊成員的績效目標，是管理者的基本職責之一，也是管理者做好團隊績效管理的第一步。帶領團隊打勝仗的關鍵在於完成高挑戰的績效目標，所以制定績效目標並不是一件容易的事。

面臨挑戰

在制定績效目標時，你往往會面臨以下挑戰：

- 你敢於挑戰高標準的績效目標，卻總是無法達成，「你的野心配不上能力」。
- 在制定績效目標後，你帶領團隊拚盡全力也無法達成，團隊成員認為你「眼高手低」，對你的主管能力產生懷疑。
- 因為前期計畫不周，你制定的績效目標無法繼續執行下去，想補救為時已晚。

傳統操作

為了制定出高挑戰的績效目標，你或許已經嘗試過以下操作：

- 積極學習制定績效目標的相關課程或購買相關書籍。
- 與上司、團隊就績效目標制定進行過多次的深入溝通。
- 使用增加工作時長、借助團隊力量、效仿「明星員工」等方法，繼續圍繞績效目標展開工作。

當你嘗試過以上這些傳統操作，仍然無法制定出合理且能達成的高挑戰目標，說明你需要使用新的工具──「很可能有戲法」，助你制定高挑戰績效目標。

解決方案

「很可能有戲法」是指你在制定績效目標時,需要遵循「很具體和很簡潔」「可測量和可維持」「能實現和能影響」「有資源和有關聯」「細節和系統」5個標準,如圖4-1所示。

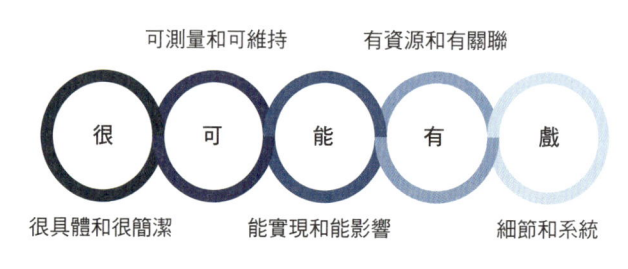

```
         可測量和可維持        有資源和有關聯

    ( 很 )   ( 可 )   ( 能 )   ( 有 )   ( 戲 )

    很具體和很簡潔      能實現和能影響       細節和系統
```

圖4-1 制定績效目標的「很可能有戲法」

1.「很」

制定績效目標的第1個標準是「很具體和很簡潔」,即思考很具體、描述很簡潔。

(1) **思考很具體**

在制定績效目標前,你要圍繞績效目標的實現路徑進行深度思考,根據績效目標的實現路徑反推如何合理制定績效目標。

如果績效目標實現路徑比較模糊,那麼你可以透過達成目標的關鍵驅動因素確定目標制定的側重點。達成目標的關鍵驅動因素分為成本型驅動因素[1]和價值型驅動因素[2]。關鍵驅動因素不同,目標的側重點也不同。當績效目標的關鍵驅動因素屬於成本型驅動因素時,制定高標準績效目標的側重點應該是成本改善和效率提升;

當高標準績效目標的關鍵驅動因素屬於價值型驅動因素時，制定高標準績效目標的側重點應該是增加收益和持續經營。

如果績效目標實現路徑比較清晰，那麼你可以透過思考目標達成的里程碑節點來確定各階段的工作內容和截止日期等資訊。

(2) 描述很簡潔

你在描述績效目標時應確保其簡潔與聚焦，使每一位團隊成員都能理解目標制定的原因。你可以參考以下兩個範本來描述績效目標：

- 實現路徑模糊的績效目標撰寫範本：動詞＋數量＋關鍵任務
- 實現路徑清晰的績效目標撰寫範本：時間點＋你要達成的結果

如果績效目標實現路徑比較模糊，可以使用公式1描述目標，比如，「提升一倍銷售利潤」；如果績效目標實現路徑比較清晰，可以使用公式2描述目標，比如，「12月31日前開拓10個新客戶」。

2.「可」

制定績效目標的第2個標準是「可測量和可維持」，即要做到內容可測量和目標可維持。

---

① 成本型驅動因素：是指透過提高技術、提高生產效率來降低生產成本，提高企業核心競爭力的因素。
② 價值型驅動因素：美國經濟學家拉巴波特確立了五個決定公司價值的重要價值驅動因素：銷售和銷售增長率；邊際營業利潤；新增固定資產投資；新增營運資本；資本成本。

(1) 內容可測量

內容可測量是指你在制定績效目標時要盡可能地量化自己的標準，以百分比或絕對值的形式制定目標。這樣一來，目標更加清晰，是否達成一目了然。比如，你可以制定「銷售額增長5%」或「增加10個銷售窗口」等績效目標。

(2) 目標可維持

目標可維持是指你在制定績效目標時要確保制定的目標對於企業、團隊和自身發展是良性的、可持續的，避免制定出「殺敵一千，自損八百」的目標。比如，有的管理者為了搶佔市場份額，將目標制定為與競爭對手進行「價格戰」，這種目標就是不可取的。你可以拚盡全力達成目標，但目光要放長遠，不能將自己逼入拚死掙扎的境地。

3.「能」

制定績效目標的第3個標準是「能實現和能影響」，即你要保證目標能實現且能產生正面影響。

(1) 目標能實現

你在制定績效目標時不能眼高手低，要保證目標能實現。你需要分析現實情況與目標之間的差距，思考是否能透過努力在一定時間內彌補差距。績效目標與現實情況之間通常差距較大，如果你對目標能否實現存疑，那麼你可以先問自己以下兩個問題：

- 問題1：企業內有人制定過類似目標並實現了嗎？
- 問題2：我和團隊能在實現目標的過程中有所收穫嗎？

如果這兩個問題的答案都是肯定的,那麼這個績效目標雖然實現難度較大,但仍然有實現的可能;如果這兩個問題的答案都是否定的,那麼你也不用急著降低難度,可以先思考一下(參考「很」標準),達成這個績效目標的路徑是否清晰,分析團隊如何才能達成這個目標,最終確定是該降低目標難度還是繼續使用該目標。

(2) **目標能產生正面影響**

制定績效目標時,你還要保證目標能給你和團隊帶來正面影響。你不僅要看績效目標對於你和團隊成員在工作上產生的影響,還要看它對你和團隊成員在生活上產生的影響。

工作只是生活的一部分,生活是否順心,嚴重影響人的工作品質。如果你制定的績效目標讓你和團隊成員感到壓力過大,實現起來非常困難,嚴重影響到你和團隊成員的生活狀態,那麼這樣的績效目標就是不合適的;如果你制定的高標準績效目標能夠激勵你和團隊成員在工作上努力進取,並且沒有對你們的生活造成負面影響,那麼這樣的高標準績效目標就是合適的。

4.「有」

制定績效目標的第4個標準是「有資源和有關聯」,即你要做到有資源實現目標,自己的目標與上級目標有關聯。

(1) **確保有資源實現目標**

在制定績效目標時,你要確保有資源實現目標。這時你要圍繞「資源」進行深度思考:你有什麼資源?你還需要什麼資源?你可以從利益相關者處獲得什麼資源?這些問題你可以參考「7步供需圖譜」(詳見工具13)的相關內容思考。

隨後，你要對你所擁有的資源進行分類，可分為內部資源與外部資源，如圖4-2所示。

```
        外部資源                         內部資源

   技能   工具   人脈   資金      時間   體力   智力   習慣
```

圖4-2　資源的兩種類型

外部資源是指你從外界獲取的，包括技能、工具、人脈、資金等。獲取外部資源具有不確定性，在制定績效目標時，你需要考慮到自己是否能獲取相關資源。對於可以從外界獲取，但暫時沒有得到的資源，你可以盡可能地去爭取，增大自己的贏面。內部資源需要你從自己和團隊內部開發，包括時間、體力、智力、習慣等。內部資源是可以被開發的，你可以盡力激發團隊成員的潛能，提升團隊成員的自驅力，從而獲得更多的內部資源。

(2) 確保目標與上級目標有關聯

在制定績效目標時，你還要確保目標與上級目標有關聯。如果你制定的績效目標與上級目標毫無關聯，甚至背道而馳，那麼目標再高也是無效的。比如，企業今年的戰略方向是開拓新業務，你卻將績效目標制定為大力發展存量業務，那麼你做出的成績再亮眼，也難以獲得嘉獎。

5.「戲」

制定績效目標的第5個標準是「細節和系統」，即你要重視目標的細節與系統平衡。

(1) 重視目標的細節

一個完整的目標要有足夠全面的行動細節，否則無法有效落地。所以，你在制定績效目標時要參考「6個明確地圖」（詳見工具17），確保整張行動地圖的清晰度和目標感，以快速抵達目的地，達到高標準要求。

(2) 重視目標的系統平衡

在制定績效目標時，你還要重視目標的系統平衡，即重視目標帶來的衍生影響，這些影響會提高團隊成員實現目標的動力。如何做到系統平衡呢？在制定績效目標前後，你需要詢問自己以下4個問題：

- 問題1：如果績效目標實現，會發生什麼？
- 問題2：如果績效目標沒有實現，會發生什麼？
- 問題3：如果績效目標實現，不會發生什麼？
- 問題4：如果績效目標沒有實現，不會發生什麼？

你在回答以上4個問題的過程中，如果發現答案中有負面影響，則說明該績效目標可能會破壞系統平衡，那麼你需要慎重思考後及時調整目標。比如，年終考評達到A+者年底能上加薪名單，這需要你的年度銷售額不低於100萬元，而現在你帶領團隊努力後能完成70萬元銷售額，100萬元銷售額對於團隊是一個不小的挑

戰,這時你可以透過回答以下「系統平衡4答」清晰績效目標。

- 回答1:如果能實現100萬元的績效目標,你的收入至少能增長20%,你能租到更舒適的房子,改善生活環境。
- 回答2:如果不能實現100萬元的績效目標,但你透過努力可以將業績做到70萬元,你的收入也沒有降低,自己也獲得了成長。
- 回答3:如果能實現100萬元的績效目標,你實現了升職、加薪的夢想,不會在購物時猶豫不決,遇到喜歡的商品不會在乎價格。
- 回答4:如果不能實現100萬元的績效目標,你不會升職、加薪,不會獲得上司的重視,不會再向100萬元的績效目標衝刺,最終你不會再有前進的動力或被企業開除。

在以上4問4答中,雖然問題4看起來有些多餘,但回答這個問題對你的影響卻是最大的,它幫你清晰展現了目標達成失敗的局面,能極大地激發你的危機感,反向提升你的行動力。

工具總結

「很可能有戲法」是一個幫助你制定合理且能實現的高挑戰績效目標的清單工具。為了更快掌握「很可能有戲法」,你可以參考「標準清單」,如表4-1所示,確保你制定的高挑戰績效目標達到「很可能有戲法」。

表4-1 「很可能有戲法」標準清單

標準		標準內容	是否滿足
很	很具體	基於關鍵驅動因素或里程碑節點制定目標	□是 □否
	很簡潔	基於簡潔描述公式制定目標	□是 □否
可	可測量	盡可能量化目標	□是 □否
	可持續	避免選擇「殺敵一千，自損八百」的目標	□是 □否
能	能實現	制定目標要從現實情況出發，圍繞「補差」展開	□是 □否
	能影響	目標能給你的工作與生活帶來正面影響	□是 □否
有	有資源	具備實現目標的必要資源	□是 □否
	有關聯	目標要與組織戰略、部門績效高度相關	□是 □否
戲	細節	參照「6個明確地圖」(詳見工具17)	□是 □否
	系統	確保目標實現的系統平衡4問	□是 □否

工具 17 績效任務:「6 個明確地圖」,找準行動方向

制定好績效目標後,接下來管理者要做的是帶領團隊按目標執行績效任務。沒有目標,所有的努力都沒有結果;沒有結果,所有的目標都是空想。管理者只有帶領團隊達成績效目標,拿到結果,一切努力才有意義。在現實中,當你面對高挑戰的目標時,如何做才能成功達成績效目標?怎樣才能保證自己不會在執行績效任務時迷失方向?

面臨挑戰

在帶領團隊執行績效任務時,你可能會面臨以下挑戰:

- 你和團隊的績效目標總是難以達成。
- 總是遇到很多問題,你不知道如何處理。
- 你沒有弄清楚績效考核要求,白忙一場。

傳統操作

為了達成績效目標，你可能嘗試過以下操作：

- 堅持「笨鳥先飛」，相信勤能補拙。
- 遇到問題及時尋求他人幫助，並積極尋找解決方案。
- 與上司溝通後制定績效任務執行方案。

當你嘗試過以上這些傳統操作，依然對如何完成績效任務感到迷茫，這說明你需要使用新的工具——「6個明確地圖」，為你撥開迷霧，助你找準行動方向。

解決方案

「6個明確地圖」是指你在帶領團隊執行績效任務時，要做到「6明確」，分別是「明確目標」「明確預算」「明確要求」「明確資源」「明確阻礙」和「明確行動」。

1. 明確目標

只有明確目標後，你才能根據目標確定績效任務。如何明確目標呢？你要抓住3個關鍵點，如圖4-3所示。

(1) 時間節點

績效目標的各個時間節點是你要明確的重要資訊，你需要明確績效任務的起止時間、里程碑時間和關鍵時間節點。

起止時間是指績效任務執行的開始和結束時間；里程碑時間是指完成績效目標的各個重要時間點。透過明確起止時間和里程碑時

```
01 時間節點
 ● 起止時間
 ● 里程碑時間
 ● 關鍵時間節點

02 任務背景
 ● 為什麼
 ● 做過嗎

03 關鍵成果
 ● 是什麼
 ● 如何評
```

圖4-3 明確目標的3個關鍵點

間,你可以判斷績效任務的時間安排是否合理。比如,若起止時間之間相差過短,績效任務無法在這個時間段內完成,那麼你可以及時與上司溝通,儘快尋找轉換方式,避免因為起止時間設置不合理而無法達成績效目標。

關鍵時間節點是指績效任務從「量變」到「質變」的轉換點。比如,你在開拓新客戶時,基於過往資料已經分析出自己的新客戶轉化週期是3個月,那麼這裡的「3個月」便是你完成績效任務的關鍵時間節點。明確關鍵時間節點的重要作用在於為自己留出相應的鋪墊期,努力在關鍵時間節點到來之前完成相應任務。

(2) 任務背景

明確任務背景是指為了確保你在執行績效任務時不出現偏差,能夠透過任務背景推算出需要達成什麼樣的目的。在明確任務背景時,你可以思考以下兩個問題:

- 問題1:為什麼要執行這項績效任務?
- 問題2:之前是否執行過類似的績效任務?

問題1可以幫助你定位自己的執行價值點,激發你朝著價值點努力;問題2可以幫助你提高執行效率,在借鑑過往經驗的過程中,能迅速避開執行誤區。

(3) **關鍵成果**

明確關鍵成果的作用在於你可以根據關鍵成果確定努力方向。在執行績效任務時,許多人會出現做「無用功」的情況。這種情況產生的原因就是因為他們沒有提前確認好關鍵成果,做了很多無效工作。

2. 明確預算

如果你當下的績效任務不涉及預算,則可跳過這一步;如果你的績效任務涉及預算,在執行過程中要重點關注以下兩點:

(1) **預算額度**

只有明確預算額度後,你才能根據預算額度控制開支。比如,你需要明確財務部給予的預算上限是多少,是否有單項預算上限等。

(2) **審批流程**

審批流程是你在執行績效任務前要重點關注的部分,因為審批流程中的各種事項會耗費你較多的時間和精力,你需要在執行任務計畫中為這些工作預留出充足時間。

3. 明確要求

明確要求主要指你完成績效任務的約束條件和約定範圍。明確這一點,能幫助你迅速釐清執行思路。你在明確績效任務要求時,

可以從明確任務要求和明確規章制度兩個方面出發。

(1) **明確任務要求**

明確任務要求聽起來很簡單，實際上其難點在於許多人對可量化的標準關注度較高，而忽略了可量化標準的前置條件。比如，上司對你的要求是「新增業績50萬元」。於是，你馬上開始著手制定實現50萬元業績的策略，然而你卻忽視了至關重要的「新增」二字。何為「新增業績」？是指新客戶帶來的業績，還是新產品銷售業績？是在一個月內完成，還是在一個季度內完成？這些都是你要瞭解清楚的，如果你只關注「50萬元」這一個可量化的標準，那麼很有可能會出現執行方向偏差的問題。

(2) **明確規章制度**

明確規章制度的作用不必強調，身為企業員工，明確和遵守企業規章制度是必須的。如果你在執行績效任務時以結果為導向，違反了企業規章制度，那麼你做出來的成績是不被認可的。比如，有的銷售人員為了促成一筆交易的達成，給予客戶回扣，然而這種行為是企業明令禁止的，那麼即使這位銷售人員最終達成了這筆交易，也會被企業懲處。在執行績效任務時，你應該擁有底線意識，遵守企業規章制度，不能為了完成任務不擇手段。

4. 明確資源

你在企業中所擁有的資源通常被分為外部資源和內部資源，具體分類可參考工具16，此處不再贅述。除了外部資源和內部資源，還有3種「救災資源」常常會被忽略。它們分別是協作方連絡人、專家和顧問以及必要的生產資料。這3種「救災資源」看起來作用

不大，但在特定情況下，其作用便能凸顯出來。

(1) 協作方連絡人

當執行績效任務的過程中出現資訊不對稱情況時，協作方連絡人就能發揮巨大作用。協作方連絡人可能是你與內部合作團隊的對接人員，也可能是你與外部客戶的對接人員。為什麼這個人如此重要？因為如果你正在做的是靠資訊品質取勝的工作，那麼他們提供的資訊品質如何，幾乎可以決定你的成敗。他們提供的資訊品質越高，你的工作越好開展。所以，你需要和協作方連絡人維繫良好關係，最好能讓其知無不言，言無不盡。

(2) 專家和顧問

專家和顧問平時或許很少直接參與到績效任務執行中來，但當你在執行任務遇到困難時，他們卻能發揮重要作用。因為專家和顧問大多經驗豐富、具備專業知識，能夠一眼看穿問題的本質，並給予你恰當的建議和方法，迅速幫你解決困難，實現績效突破。所以，當你在執行績效任務時遇到難以解決的問題時，要確保能夠找到相應的專家和顧問請教。

(3) 必要的生產資料

或許你認為不會有人忽略必要的生產資料，因為必要的生產資料是執行績效任務必定會用到的資源。但為了穩妥起見，你還需要思考「如果這是最後一份生產資料，要怎麼用」這一問題。如果你懂得在平時就關注這一問題，就能夠隨時確保「要事優先」（詳見工具12）。這能大大提高你合理配置資源的能力，對於你完成績效任務大有好處。

5. 明確阻礙

在執行績效任務的過程中,雖然你不一定需要「救災」,但可能會遇到一些阻礙。如果你能在執行前充分預判這些阻礙,做好相應的遇險方案,便能很快化險為夷。根據阻礙克服難度的大小,阻礙通常被分為3類,其由下至上難度逐級遞增,如圖4-4所示。

意外阻礙「黑天鵝事件」
與「灰犀牛事件」

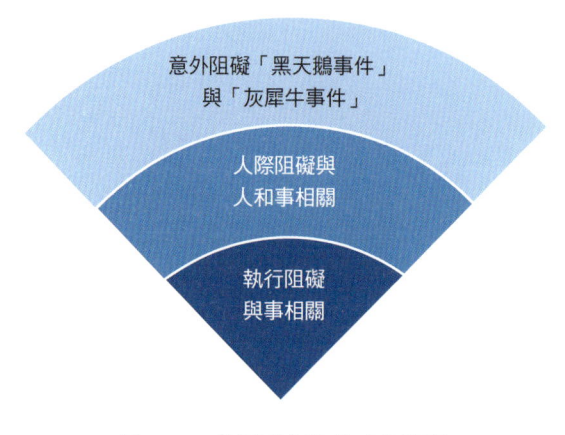

人際阻礙與
人和事相關

執行阻礙
與事相關

圖4-4　3類績效任務的實施阻礙

(1) 執行阻礙

執行阻礙是指你和團隊在技術操作等方面的阻礙。這類阻礙克服起來難度較小,你可以透過針對性的訓練、學習等來克服。比如,有團隊成員因為對工作內容不熟悉而拉低績效任務執行進度時,你可以對其進行輔導,並要求其學習相關知識。

(2) 人際阻礙

人際阻礙是指你和團隊在執行績效任務時，出現的各種人際關係問題。由於人際關係的可控性較弱，所以人際阻礙應對起來較為麻煩。比如，你的潛在客戶方有一位固執的關鍵決策人，他很難被說服，但只有說服他你才能簽下這一單。這時，你就需要對這位關鍵決策人進行充分瞭解，根據對方的需求，給出能夠打動他的理由。

(3) 意外阻礙

意外阻礙即「黑天鵝事件」與「灰犀牛事件」，前者是指難以預測且不尋常的事件，這類事件通常會引起負面的市場連鎖反應，甚至為市場帶來顛覆性的重創；後者是表現明顯且發生機率較高，但常常被人忽視，最終卻有可能釀成大危機的事件。罕見的阻礙與太常見的阻礙都屬於意外阻礙，會讓你防不勝防。因此，在執行績效任務時，你要有居安思危的意識，確保必要生產資料儲備充沛。

6. 明確行動

在明確行動時，你需要明確行動策略，並對策略實施校驗。

(1) 明確行動策略

為了帶領團隊更好地執行績效任務，制定具體的行動策略必不可少。行動策略就是你調動團隊的「指揮棒」，也是你讓團隊正常運轉的「鐵軌道」。此時，你已經透過上述操作明確了許多關於執行績效任務的具體方向與細節，在這些前提下制定可操作的行動策略並不是難事，這裡不再贅述。

(2) 對策略實施校驗

當你制定完具體的行動策略就可以直接行動了嗎？答案是不能。此時，你還需要完成最後一步——對所有的行動策略進行校準核驗，驗證行動策略是否能助你完成績效任務。只有完成這一步，你才能確保行動策略在正式投入使用後能起到相應效果，最終完成績效任務，實現績效目標。

工具總結

「6個明確地圖」是一個因素指引式地圖工具，如圖4-5所示，旨在透過事前判斷讓你在執行績效任務時不迷茫，確保你的每一分付出都有效，不做「無用功」。

01 明確目標
- 時間節點
- 任務背景
- 關鍵成果

02 明確預算（如有）
- 預算額度
- 審批流程

03 明確要求
- 明確任務要求
- 明確規章制度

04 明確資源
- 協作方連絡人
- 專家和顧問
- 必要的生產資料

05 明確阻礙
- 執行阻礙
- 人際阻礙
- 意外阻礙

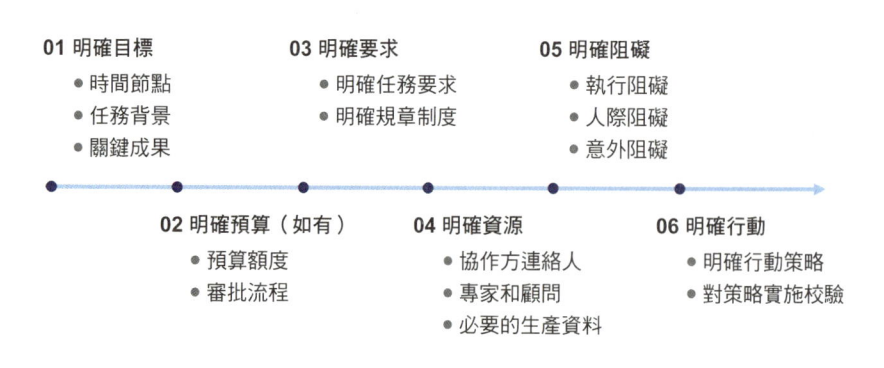

06 明確行動
- 明確行動策略
- 對策略實施校驗

圖4-5 「6個明確地圖」示意

工具 18 績效述職:「3盞聚光燈」,照亮績效成果

在整個績效管理的過程中,績效述職溝通是一項非常重要工作之一,它貫穿於整個績效管理甚至團隊管理過程的始終。俗話說「既要幹得好,也要說得好」。作為管理者,你既要帶領團隊把工作幹好,也要在上司面前正確且準確地展示你的成果——做好績效述職溝通。

面臨挑戰

現實中,當你信心滿滿地來到上司面前進行績效述職時,往往面臨以下挑戰:

- 在做績效述職時,上司總覺得你的績效述職沒有重點,邏輯混亂。
- 在做績效述職時,上司手裡忙著處理其他的工作,沒有專注傾聽。

- 在做完績效述職後，上司給出的意見回饋往往只有一句話：「繼續努力。」

傳統操作

為了在績效述職溝通時讓上司專注地聽清楚你的績效成果且認可你，你可能做出過以下嘗試：

- 盡可能量化工作成果，以便直觀展現工作成就。
- 反覆預演績效述職場景。
- 把績效述職PPT做得更精美。

當你嘗試過以上這些傳統操作，依然無法獲得上司青睞，難以透過績效述職為自己加分時，這說明你需要使用新的工具——「3盞聚光燈」，照亮你的績效成果。

解決方案

要使用新工具「3盞聚光燈」，你需要先明白聚光燈的作用。聚光燈就是讓所有的光源聚焦在你身上，以此吸引他人的目光。「3盞聚光燈」是指管理者在進行績效述職時，可以運用「有何關係」「見色做設計」「平穩提升」3盞聚光燈，在績效述職的開始、中間和結尾部分分別吸引上司的注意力。

第1盞聚光燈：有何關係

在績效述職開始時，你要使用這盞聚光燈向上司闡述你的績效述職內容與上司有何關係。在闡述這一點時，你不用告訴上司你完

成了他交辦的什麼任務，而是要告訴他你現在的工作成果能為他解決什麼問題，這是最能吸引上司，也是最能體現此次績效述職價值的聚焦點。

比如，一名財務經理就他制定的「報銷政策」進行績效述職時，開場就應該向上司說明該政策可以為上司減少近70%的報銷審批時間。這樣一來，上司的注意力將迅速集中到績效述職上來，因為述職內容與上司的工作密切相關，他自然希望深入瞭解。

第2盞聚光燈：見色做設計

在績效述職進行到中間階段時，你可以使用這盞聚光燈再次吸引上司的注意力。「見色做設計」是基於工具06中的「人眼測評法」展開的。你要根據不同顏色的上司風格有針對性地調整績效述職內容，使得你呈現出來的績效述職內容正好符合上司的期待。通常情況下，上司的風格可分為綠色、藍色、黃色和橙色4種，如圖4-6所示。

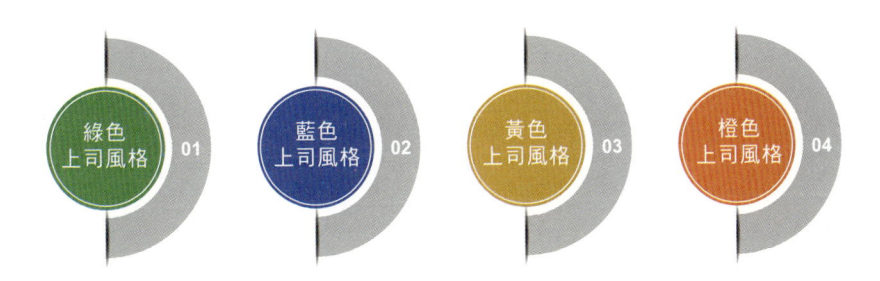

圖4-6　4種不同顏色的上司風格

(1) 綠色上司風格

這一風格的上司大多會關注下屬的工作軟實力，看重企業發展藍圖。如果你的上司是綠色風格，那麼你在績效述職中要側重於體現出與企業共贏、共發展的價值觀。你可以在績效述職中畫出「績效結果達成路線圖」，如圖4-7所示。在該路線圖中，你要做好4個方面的描述：一是起步描述，即你的工作是如何開始的；二是進展位置，即你的工作進展到哪一個階段；三是里程碑事件，即各階段都有哪些里程碑事件；四是目標描述，即達成了什麼目標。

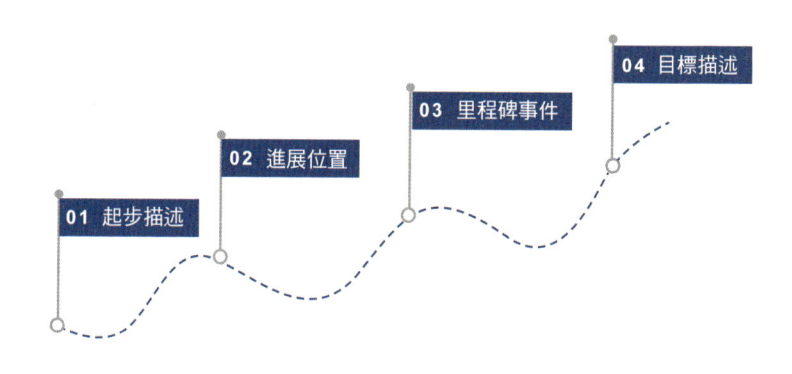

圖4-7　績效結果達成路線圖

(2) 藍色上司風格

這一風格的上司往往會關注下屬的工作真實力。如果你的上司是藍色風格，那麼你在績效述職時要有三個側重點：一是要體現紮實的工作技術和高效的工作方式；二是要有理有據、邏輯嚴謹、分析清晰；三是要體現出工作中的突破創新。

⑶ 黃色上司風格

這一風格的上司往往會關注下屬的人際關係處理能力，相比個人績效，團隊協作創造的價值是此風格上司更看重的。如果你的上司是黃色風格，那麼你的績效述職要側重體現團隊合作與和諧共生的理念。

⑷ 橙色上司風格

這一風格的上司往往會關注成本。如果你的上司是橙色風格，那麼你在績效述職時要闡述工作的性價比和可執行性，並突出結果。你可以在說明績效結果時用「成本清單」來描述，如表4-2所示。該成本清單裡，你至少要說明4個內容：一是每個階段的工作任務會用時多少；二是每個階段的工作任務資金投入是多少；三是每個階段的工作任務要如何安排分配；四是每個階段的工作任務的成果是什麼。

表4-2　不同階段的「成本清單」

	階段1	階段2	總計
工作用時			
資金投入			
人員匹配			
成果			

當然，無論是面對何種顏色風格的上司，你在進行績效述職時都要向上司表明自己已經達成了什麼、正在做什麼和準備做什麼。這樣才能確保對方可以準確瞭解你的成就，並第一時間明確你是否

在對的工作道路上,以及你未來的工作方向是否正確。你可以繪製一張「年度績效工作階段性述職圖」。比如,在本年度的每個季度你做出了哪些成果、有哪些工作是正在進行的、有哪些工作是準備啟動的,如圖4-8所示。

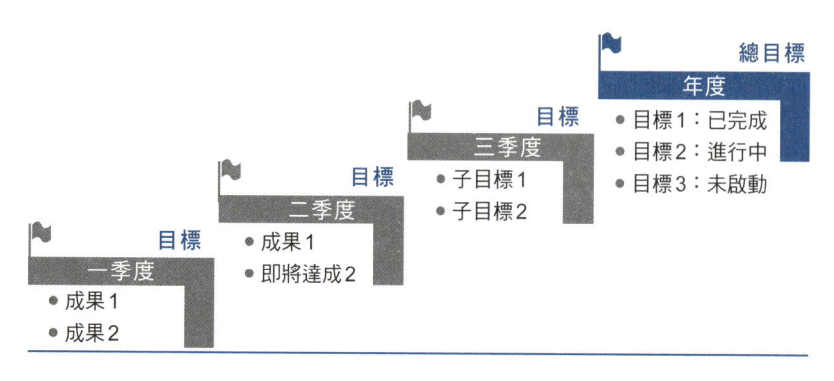

```
總目標
年度
• 目標1:已完成
• 目標2:進行中
• 目標3:未啟動

目標
三季度
• 子目標1
• 子目標2

目標
二季度
• 成果1
• 即將達成2

目標
一季度
• 成果1
• 成果2
```

圖4-8 「年度績效工作階段性述職圖」示意

在使用這一盞聚光燈時,即使你暫時無法識別上司的顏色風格,或者述職時有多位不同風格的上司參加,你也可以使用「年度績效工作階段性述職圖」清晰闡釋自己過去、現在和未來的工作情況及目標。

第3盞聚光燈:平穩提升

不知不覺,你的績效述職已接近尾聲。此時,你需要向上司明確展示你的績效成果,讓上司知道你做出了哪些成績。這一步最簡單的操作就是「做比較」,即將你執行績效任務前後的資料情況、價值表現等進行比較。比如,執行績效任務後,你的業績環比[3]和

同比④之間分別提升了多少。無論你如何比較，一定要讓你的績效成果看起來處於平穩提升狀態。或許你會感到疑惑，績效成果呈直線式上升不是更好嗎？事實上，任何一個企業內部的業績發展，最忌諱的便是直線上升式的快速躍進，有以下兩點原因：

(1) 大幅度提升除非伴隨重大技術突破，否則都會存在代償⑤

直線上升式的業績提升不僅不可持續，嚴重時還容易導致企業破產，即企業帳面利潤為正，但現金流斷裂，企業無法維持日常運作，最終走向破產。所以，有經驗的上司希望企業業績提升是良性的，對於大幅度的業績提升往往持警覺態度。

(2) 有粉飾和作秀之嫌

上升是一個相對概念，程度的大小取決於參照物是什麼。如果你透過偷換概念的操作讓業績提升幅度看起來得到了很大的提升，乍看成果斐然，但上司很快就會發現其中的秘密。此時，你的行為不僅會影響上司對你工作成果的認可度，還會直接影響上司對你本人品行的評價，得不償失。

當然，還有一種特殊的業績直線式提升情況，即某團隊在多年辛苦耕耘後，終於解決了技術性難題，績效成果獲得了巨大突破，而你正好在這一階段就任團隊的管理者。此時，你應該在上司面前將歷史貢獻表述清楚，不能趁機居功。

---

③ 環比：指某一時間段的數值和上一時間段的數值相比。
④ 同比：指某一時間段的數值和上一年度同一時間段的數值相比。
⑤ 代償：指某些器官因疾病受損後，機體調動未受損部分和有關的器官、組織或細胞來替代或補償其代謝和功能，使體內建立新的平衡的過程。在這裡是指業績直線式提升帶來的後果需要用其他方面補救。

值得注意的是，雖然有「3盞聚光燈」幫你吸引上司的注意力，但一個人注意力集中的時間有限且標準各不相同，有些人的注意力集中時間較長，有些人的注意力集中時間較短。為了保證績效述職效果，你最好將績效述職時間控制在30~40分鐘以內。

「3盞聚光燈」聚焦績效述職的框架設計，但要想讓績效述職更加精采，除了需要「燈光舞美」，顯然還應該有精采的「故事腳本」。至於如何設計出高價值的「故事腳本」，後文的工具21、工具24和工具25將為你提供幫助。

工具總結

「3盞聚光燈」是一個績效述職描述範本，如圖4-9所示，旨在透過抓住上司的注意力，讓上司肯定你的績效成果，認可你的工作。

「有何關係」　　「見色做設計」　　「平穩提升」

圖4-9　績效述職的「3盞聚光燈」

工具 19 績效復盤：「1 塊看板」，高效賦能團隊

績效復盤是管理者做好績效管理非常重要的工作之一。績效復盤能夠為團隊成員提供一個回饋結果與反觀過程的場景。一次高品質的績效復盤能夠幫助團隊成員成長，管理者也能透過這一管理工具輔導和賦能員工，從而實現個人和團隊的成長。

面臨挑戰

許多企業都在做績效復盤，但往往流於形式，最終收效甚微。在日常的績效管理實踐中，你也按照企業的要求帶領團隊進行績效復盤，但往往面臨以下挑戰：

- 帶領團隊做績效復盤時，耗時較長，佔用了你大量時間。
- 在做績效復盤時，團隊成員往往糾結於績效考核的公平性問題，爭論得不可開交，最終不歡而散。
- 在做完績效復盤後，團隊成員無法從中獲得啟發，每個人都怕說錯話，參與積極性越來越弱。

傳統操作

為了應對這些挑戰,做好團隊的績效復盤,你可能做過以下嘗試:

- 不斷嘗試新的績效復盤範本。
- 主動在團隊內進行個人績效復盤。
- 要求團隊養成定期復盤的工作習慣。

當你嘗試過以上這些傳統操作,依然無法讓你的團隊達到績效復盤的效用時,這說明你需要使用新的工具——「1塊看板」,助你高效賦能團隊。

解決方案

「1塊看板」是指你在帶領團隊成員做績效復盤時,可以透過這塊看板達成3個效果:一是分析團隊取得績效成果的優勢和劣勢;二是基於優勢和劣勢,嘗試制定相應的策略;三是確定團隊接下來的行動方案。

「1塊看板」可以在兩個場景中使用:一是制定行動方案;二是績效復盤。每一個場景的使用方式不同。

1. 制定行動方案

當你帶領團隊成員制定行動方案時,你需要讓他們將各自的相關資訊按順序填寫到對應的板塊中,如表4-3所示。

表4-3 使用「1塊看板」制定行動方案示意

思考優勢	嘗試制定策略	確定行動方案
這一階段，我們做得好的⋯⋯	基於優勢和劣勢，我們打算嘗試的團隊策略是什麼？ 其中哪些策略可以付諸行動？	我們的團隊行動方案是什麼？
思考劣勢		
這一階段，我們做得不好的⋯⋯		

使用「1塊看板」制定行動方案有以下4個步驟：

第1步：思考優勢

在這一步，你需要讓每位團隊成員認真思考本階段他們工作上的優勢，並讓他們將答案寫在卡片紙上，用時8分鐘。待所有人寫好後，你可以採用「每次、每人貼一張卡片」的形式，將這些卡片都貼在看板的「思考優勢」板塊中。很多時候，團隊成員的優勢會重合，所以你可以將具有優勢重合成員的卡片放在一起。比如，李強將自己的卡片貼在「思考優勢」欄後，如果其他團隊成員有與他內容相近的卡片，則貼在李強的旁邊；如果接下來的王麗有不同的優勢，則在另外一行貼出，如圖4-10所示。

採用這樣的模式，不僅可以最大限度地收集所有成員的優勢資訊，也能有效避免有人因為張貼順序靠後而被誤會他優勢少，進而影響團隊成員後續討論的積極性。

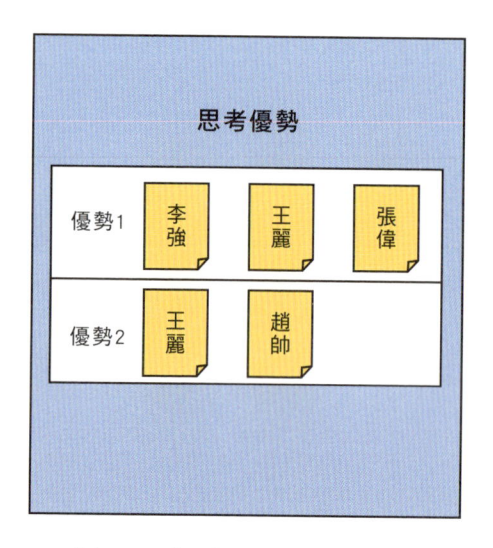

圖4-10 「思考優勢」欄展示示意

第2步：思考劣勢

在這一步，你需要引導每位團隊成員思考在本階段他們工作上的劣勢，並讓他們將自己的答案寫在卡片紙上，同樣用時8分鐘，並且張貼方式也與第一步相同。在這一步中有一個不同之處，就是你需要判斷每一個成員寫下的答案是「沒做好」還是「沒做」。比如，某團隊成員如果寫到「沒有籌辦團隊活動」，這是典型的「沒做」，不應該出現在思考劣勢板塊。

第3步：嘗試制定策略

在這一步，你同樣需要先用8分鐘的時間讓每位團隊成員思考「基於優勢和劣勢，我們打算嘗試的團隊策略是什麼」，並讓他們將自己的答案寫在卡片紙上，然後再對所有策略進行篩選。為了讓所有人的策略更清晰地呈現出來，你可以要求團隊成員在策略上寫明

自己的策略是針對哪一個優勢或劣勢制定的，如圖4-11所示。

嘗試制定策略

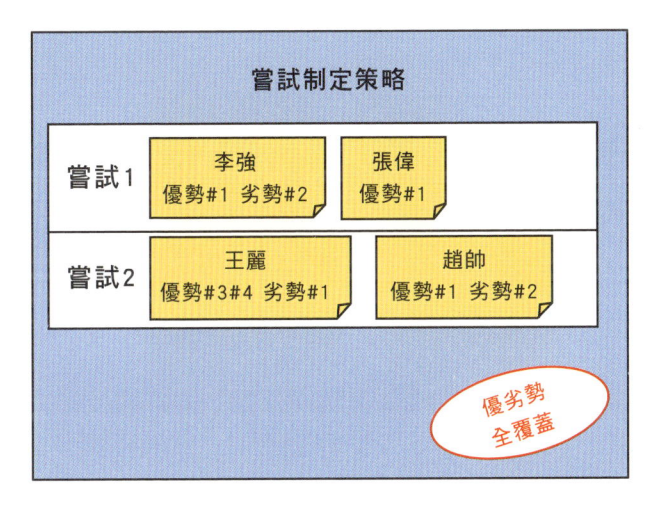

嘗試1	李強 優勢#1 劣勢#2	張偉 優勢#1
嘗試2	王麗 優勢#3#4 劣勢#1	趙帥 優勢#1 劣勢#2

優劣勢全覆蓋

圖4-11 「嘗試制定策略」欄展示示意

　　進行這一步操作的目的是激發團隊成員的發散性思維並鼓勵他們創新。因此，在這一步，你需要告訴團隊成員不用考慮策略的可行性問題，應鼓勵每位團隊成員把自己的思路打開，集思廣益。同時，你還要確保每一個優勢和劣勢都有針對性的策略，如有遺漏，你可以邀請團隊成員就遺漏內容進行二次思考。

　　將團隊成員制定的策略全部張貼完畢後，你還需要引導團隊成員思考策略的可行性，篩選出3~5個合理性和可行性都高的策略。

第4步：確定行動方案

　　在這一步，你要帶領團隊成員基於上一步中篩選出的3~5個合理性和可行性都高的策略確定出相應的行動方案。你和團隊成員確定的行動方案至少要包括時間、任務、執行人和關鍵績效指標

（Key Performance Indicator，簡稱KPI）4項資訊，如還有其他資訊可自行增加，如表4-4所示。

表4-4 「確定行動方案」示意

編號	時間	任務	執行人	KPI
#2	5月10日~5月15日	籌備一場團建	李強	季度團建不少於2次

每位團隊成員都要根據自己的本職工作制定出行動方案，然後再進行團隊討論，確保整體行動的一致性。如果一項工作需要多人協作完成，此階段你需要明確各方的工作內容和責任，確保協作工作能有序開展。經過前面的分析探討，團隊成員已經大致明確了團隊接下來的行動方向，此時你可以讓他們基於各自擅長的領域，認領自己希望嘗試的任務，如表4-5所示。

表4-5 行動任務認領情況

編號	時間	任務	執行人	KPI
#2	5月10日~5月15日	籌備一場團建	李強負責前期籌備	季度團建不少於2次
			王麗負責後勤保障	
			張偉負責活動執行	

這一步的用時你可以根據參與討論的團隊成員人數，以及討論內容的實際情況進行動態調整，但此階段單項時間不得低於8分鐘，否則很難取得有效成果。

2. 績效復盤

你和團隊成員在制定完行動方案後已執行了該行動方案，並得出了相應的績效結果。此時，你需要帶領團隊成員進行績效復盤，如表4-6所示。

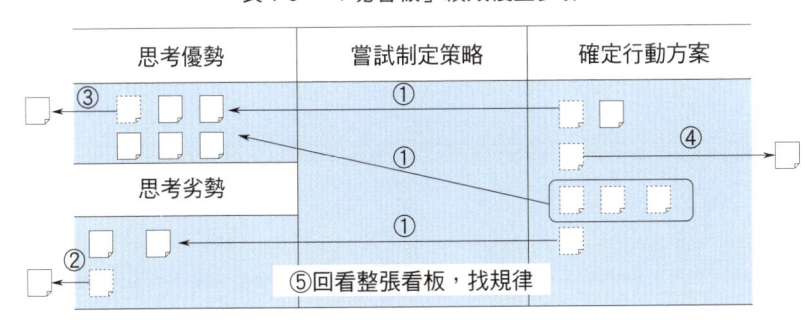

表4-6 「1塊看板」績效復盤步驟

思考優勢	嘗試制定策略	確定行動方案
③	①	
	①	④
思考劣勢		
	①	
②	⑤回看整張看板，找規律	

① 移動優劣勢行動

在這一步，你需要帶領團隊成員，將確定行動方案板塊中團隊成員執行得好的方案移到優勢中，執行得不好的方案移到劣勢中。這裡要做兩點說明：一是好與壞的評判標準來自確定行動方案對應的KPI的完成情況，而不是你和團隊成員的主觀臆斷；二是確定行動方案板塊不僅包括制定行動方案時寫上的內容，還包括其他團隊成員需要完成的工作，在復盤開始前，你需要先調動團隊成員將確定行動方案板塊補全，確保分析內容涵蓋本階段全部重點工作。

這一步的用時應該佔到整體復盤時間的20%。在這一步，卡片移動的過程就是績效考評的過程。不同於以往的傳統考評，這種以

團隊行動為載體的考評模式會讓團隊成員將關注點從「評價得分」轉移到「工作成果」。在卡片移動的過程中，團隊成員可以看到各自工作的亮點，與此同時，你也能從中發現更多問題，引發更多的深度思考。

② 刪除劣勢中不必要的內容

隨著時間的推移和工作進程的推進，你應該發現有些劣勢在當時可能是不足，但現在它們對團隊現階段的工作已無實質意義，應該被刪除。比如，最初列出了舊產品生產上的劣勢，如今舊產品已下架，那麼這一部分劣勢即便沒有得到解決與改變也應該移出看板。

③ 刪除優勢中不必要的內容

在這一步，你應該確保看板上留下來的是對後續工作有幫助的優勢。也許有些優勢過去曾經幫助團隊拿到了很高的績效成果，但當他們與團隊績效的相關度較低或已經不適應當下發展的需求時，你需要及時將其刪除。

④ 刪除行動方案中不必要的內容

應該被你刪除的行動方案主要有三個：一是你與團隊成員執行後，發現效果並不理想，你需要刪除這些行動方案，及時止損；二是你和團隊成員執行後發現它們與團隊下一階段的重點工作相悖時，也應該及時刪除；三是你和團隊成員執行後發現它們可能暫時無法繼續執行，也需要你及時刪除。需要注意的是，在刪除這些行動方案時，你需要與團隊成員充分溝通，使他們明確刪除的原因，確保所有人達成共識後再刪除，以免打擊團隊成員的工作積極性。

⑤ 總結規律

調整完所有板塊內容後，你需要和團隊成員回看與整理整塊看板，讓團隊成員總結行動規律。此時，你應該給所有成員一個彼此激發和表達感受的機會，共同沉澱出可在後續工作中使用的經驗。

需要注意的是，執行第②步至第⑤步加起來的時間應該佔據整體復盤時間的40%。如此一來，前5步你與團隊成員已經一共花費了60%的時間，那麼此時剩下40%的時間有何用途呢？你可以用來制定新一輪的行動方案。一個時長2小時的團隊績效復盤會的安排如圖4-12所示。

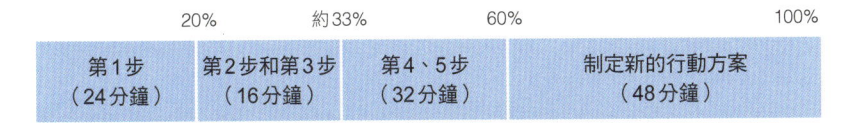

20%	約33%	60%	100%
第1步（24分鐘）	第2步和第3步（16分鐘）	第4、5步（32分鐘）	制定新的行動方案（48分鐘）

圖4-12　時長2小時的團隊績效復盤會的安排

工具總結

使用「1塊看板」進行團隊績效復盤能夠在短時間內激發團隊成員的智慧，優化行動方案，沉澱有效的經驗與方法，提升團隊成員的工作能力。在這樣的迴圈下，經過一定時間的經驗積累，團隊內部就能形成正向的「飛輪效應」，團隊成員都會越幹越好、越跑越快。

「1塊看板」在兩個場景下的使用要點如下：

要點1，如表4-7所示。

表4-7 「1塊看板」在制定行動方案場景中的使用要點

步驟	內容	用時
1	這一階段,我們做得好的是什麼?	8分鐘
2	這一階段,我們做得不好的是什麼?	8分鐘
3	基於優勢和劣勢,我們打算嘗試的團隊策略是什麼	視情況而定
	選出合理性和可行性都高的5個策略	
4	針對5個策略制定行動方案,內容至少要包括時間、任務、執行人和KPI	視情況而定

要點2,如表4-8所示。

表4-8 「1塊看板」在績效復盤場景中的使用要點

步驟	內容	用時
1	將這一階段做得好的任務移到優勢中,做得不好的移到劣勢中	24分鐘
2	刪除劣勢中不必要的內容	16分鐘
3	刪除優勢中不必要的內容	
4	刪除行動方案中不必要的內容	32分鐘
5	回看整張整理過的看板,讓團隊思考其中規律	
6	制定新的行動方案,啟動下一階段工作	48分鐘

工具 20　績效結果：「1個轉變」，點燃內心戰鬥力

在績效管理中有一項「績效考核」環節，由於各種原因，會出現績效理想或不理想的結果。當出現績效結果理想時，當然是眾人歡喜。但當出現績效結果不理想時，大多數人會出現各種負面情緒。你可以試問一下自己：你是否曾經因為上司批評自己而感到不滿，出現委屈甚至憤怒的情緒？你是否因為績效結果差而不願面對，產生沮喪、難過的情緒？如果你曾經有過這些情緒，那麼說明你不知道如何應對不理想的績效結果。

面臨挑戰

在企業中，一個人無論資歷深淺、級別高低，也無論身處哪一個行業、就職於哪一個部門都會遇到一類挑戰——工作不出成績，並且通常有以下表現：

- 不知為何，績效成績一直不溫不火。
- 上司表揚過你的工作，但績效考評成績卻不理想。

- 工作任務足夠飽和，同事關係也比較融洽，但晉升的機會總輪不到你。

傳統操作

為了應對不理想的績效結果，你在工作中已經不止一次地做出過以下嘗試：

- 學習新的工作方法，提升工作效率和品質。
- 與上司開誠佈公地溝通，瞭解上司對你的看法。
- 換團隊、換部門，甚至另謀高就。

當你嘗試過以上這些傳統操作，依然無法應對自己不理想的績效結果，毫無戰鬥力時，這說明你需要使用新的工具——「1個轉變」，點燃你的戰鬥力。

解決方案

「1個轉變」是指你在面對不理想的績效結果時，要從消極心態轉變為積極心態。「1個轉變」的具體操作可依照以下4步進行：

第1步：關注消極心態

在這一步，你需要明白何為消極心態。消極心態指阻礙你職業發展和績優表現的負面情緒狀態。比如，抱怨、不甘心和頹廢等。在明確什麼是「消極」心態後，你可以從「情景」「情緒」和「結果」3個方面出發，分析消極心態可能對你造成的影響，如圖4-13所示。

```
情景 → 引發消極心態的事件
    ↓
情緒 → 具體引發何種消極心態
    ↓
結果 → 消極心態導致的結果
    ↓
  ❗ 結果的結果
```

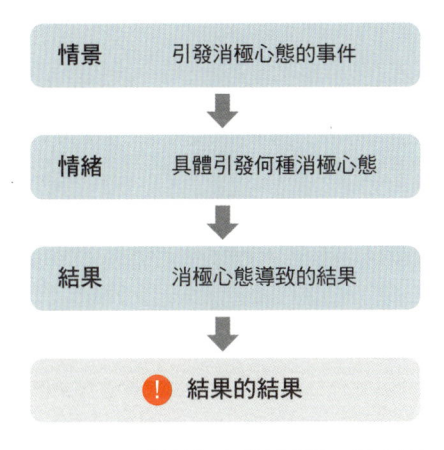

圖4-13　分析消極心態影響的3個方面

其中,「情景」是指引發消極心態的事件;「情緒」是指具體引發了何種消極心態;「結果」是指消極心態導致的結果。透過對這3個方面進行分析,你還可以得出「結果的結果」,也就是更深層次的結果。

比如,小鍾在年底績效考核中,拿到的績效成績是「C」,這是最低等級的績效成績。小鍾對此感到十分氣憤,因為團隊中有許多業績比他差的人,績效成績卻高於他。為此,他毅然到人力資源部門投訴給他績效成績打「C」的上司。以小鍾為例,對他消極心態產生的影響進行分析,得出以下結論,如圖4-14所示。

透過分析可以知道,小鍾到人力資源部門投訴自己的上司會導致矛盾升級,最終會被企業高層、小鍾的上司等人認為是「不服管」的員工,小鍾在企業裡的職業晉升會受阻。如果小鍾在投訴前,能夠從「情景」「情緒」和「結果」3個方面出發,分析消極心

```
情景  →  年底績效成績是「C」
           ↓
情緒  →  氣憤
           ↓
結果  →  申請投訴導致矛盾升級
           ↓
⚠ 結果的結果
可能會被認為是「不服管」的員工，
職業晉升會受阻
```

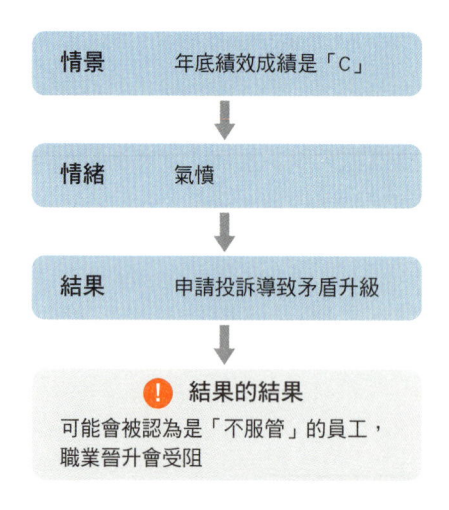

圖4-14　小鍾消極心態造成的影響

態可能造成的影響，那麼他很可能不會選擇投訴上司，而是從轉變自身心態入手，尋找新的解決方案。換言之，在你冷靜分析消極心態可能造成的影響後，可能會產生心態變化。

第2步：加速心態轉變

雖然你冷靜分析消極心態可能造成的影響後，心態可能會產生變化，但大多數人很難立刻控制住自己的消極情緒，達不到「不以物喜，不以己悲」的超脫境界。你可能在還未冷靜下來思考時，便已經抑制不住地將負面情緒發洩出來。因此，你需要加速心態轉變，在發洩負面情緒之前將心態轉變過來，以免造成無法挽回的後果。

那麼，你應該採取何種措施加速心態轉變的進程呢？你可以

採用「描述情景法」，在消極心態產生後描述情景。「描述情景法」的核心就是不斷追問自己「為什麼會這樣」。描述完情景後，你要客觀分析情景背後的原因，再進一步挖掘造成這件事情發生的本質原因，如圖4-15所示。

描述情景 →「為什麼會這樣」→ 客觀成因 →「為什麼會這樣」→ 本質原因

圖4-15 「描述情景法」示意

上文中的小鍾如果在投訴前使用「描述情景法」，那麼將會出現以下情況。小鍾透過描述自己年底績效成績為「C」這一情景，追問自己為什麼會這樣，試圖尋找出自己績效成績為「C」的客觀原因。在尋找客觀原因時，小鍾可以採用兩種方式：一是查閱相關紀錄，比如「績效評價表」，這類紀錄會記錄小鍾平時工作的實際情況；二是直接與相關當事人溝通，比如小鍾可以直接詢問上司給自己打「C」的原因，瞭解自己究竟在哪些地方出了問題。

小鍾擔心自己無法與上司心平氣和地溝通，於是他選擇了查閱相關紀錄這一方式，尋找自己年底績效成績為「C」的客觀原因。透過查閱相關紀錄，小鍾很快找到了自己績效成績得「C」的兩點客觀原因：一是自己的報銷金額遠高於常規水準；二是自己的售後服務令許多客戶不滿意。得出這兩個客觀原因後，小鍾再繼續追問「為什麼會這樣」，發現自己太在意業績成績，不注重工作過程。以

上便是小鍾使用「描述情景法」的全部過程，如圖4-16所示。

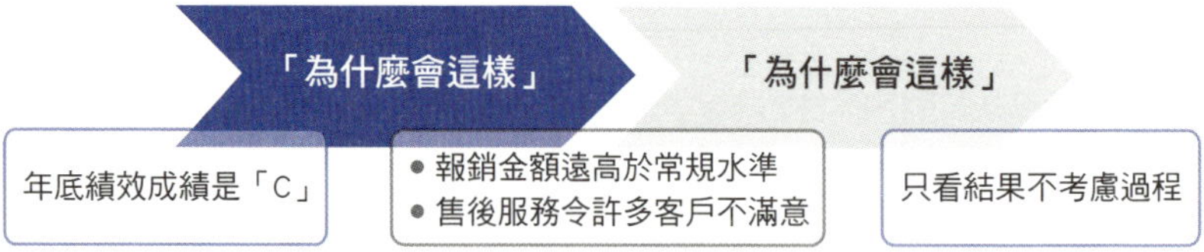

| 年底績效成績是「C」 | 「為什麼會這樣」
● 報銷金額遠高於常規水準
● 售後服務令許多客戶不滿意 | 「為什麼會這樣」
只看結果不考慮過程 |

圖4-16　小鍾使用「描述情景法」的全過程示意

透過使用「描述情景法」，小鍾的心態轉變加速，很快化解了憤怒情緒，轉而開始思考自己工作上存在的問題，不再執著於投訴上司。從小鍾的案例中，你可以發現要想從負面情緒中冷靜下來的最立竿見影的方式便是思考。在思考的過程中，你不僅可以客觀分析不理想的績效結果產生的本質原因，還能明顯感覺到自己的呼吸逐漸變得平穩，情緒也隨之變得平和。同時，這也是一個梳理資訊的過程，底層邏輯與「四位一體法」（詳見工具07）中「腦聽」的邏輯一致，核心操作方法依舊是多問「為什麼」，區別只在於「腦聽」梳理的是對方的資訊，而這裡梳理的是自己的問題。

第3步：踐行積極行為

當你在第2步梳理出自己的問題，加速心態轉變後，如果你接下來的行動是直接解決自己的問題，那麼你很有可能會失敗。因為這些問題已經伴隨你多年，很難輕易解決，揚長避短比修補缺失更容易成功，並且在企業中，一個全面但不突出的員工並不比在某方面擁有特長的員工吃香。因此，你接下來的行動是踐行積極行為，

將自身優勢最大化。

仍然以小鍾為例，在他得出了自己績效成績是「C」的本質原因——太在意績效結果，不注重工作過程後，他需要根據這個本質原因設計一個能將自身優勢最大化，並且能在下一次績效考評中得「A」（最高等級）的行動計畫。心態已得到初步轉變的小鍾，利用分析消極心態的方式，對自己產生正面心態的過程進行了以下分析，如圖4-17所示。

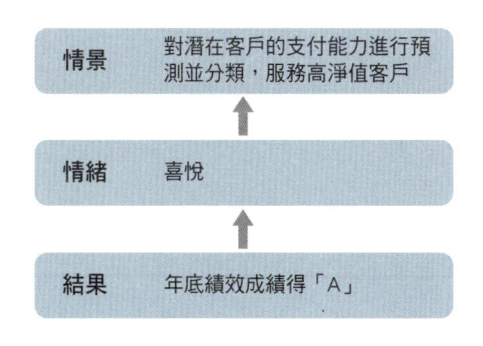

```
情景 ← 對潛在客戶的支付能力進行預測並分類，服務高淨值客戶
  ↑
情緒 ← 喜悅
  ↑
結果 ← 年底績效成績得「A」
```

圖4-17　小鍾的正面心態分析過程示意

透過分析後小鍾發現，自己要想在年底績效考評中得「A」，他需要做出兩個方面的改變：一是把憤怒情緒轉變為喜悅情緒，積極開展工作；二是要根據自己注重績效結果的優勢，分析怎樣做能讓自己的績效結果更好，彌補自己「報銷金額遠高於常規金額」和「客戶滿意度差」的問題。小鍾的行動策略如下：他對潛在客戶的支付能力進行了預測並分類，篩選出其中的高淨值客戶[5]，並專注

---

[5] 高淨值客戶：資產淨值在600萬元以上的客戶。

於服務高淨值客戶，這樣既能增加業績，也能提高服務品質，從而提升客戶滿意度，並且業績高了，報銷金額也可以相應提高。至此，小鍾的心態已經完全發生了改變，他不再對自己的績效成績是「C」感到憤怒，而是迫不及待想在接下來的工作中大展拳腳。

第4步：獲得滿意結果

眾所周知，知易行難，有的人知道行動方案後卻因為行動力不足而躊躇不前。為了將積極心態踐行到行動之上，真正達成心態的良性轉變，你需要思考兩個問題，以此點燃你的戰鬥力。

這兩個問題分別是「你行動後可能會帶來什麼」和「你行動後可能不會帶來什麼」。然後，你要將這兩個問題的答案羅列出來，答案並不唯一。比如，小鍾行動後可能會升職加薪且獲得豐厚的年終獎金等；小鍾行動後可能不會投訴上司等。

為了點燃你的戰鬥力，你還可以對這些問題的答案進行打分，有積極促動作用的打正分，有消極影響的打負分。小鍾基於每一項答案的影響和影響程度進行了打分，正分滿分為「10分」，負分最高分為「-10分」，紅色的分數是小種的打分情況，如圖4-18所示。

將所有分數合計後，小鍾發現自己行動後可能得到的分數比自己不行動可能會扣去的分數要高出一倍多。在肉眼可見的事實面前，任何人都不會無動於衷，小鍾自然將全力以赴，付諸行動，努力讓結果成真。

為了更好行動，你可以參考工具16制定績效目標；參考工具17高標準完成績效任務；參考工具18照亮自己的績效述職舞台；參考工具19實現團隊績效全覆蓋，最終達成良好的績效結果。

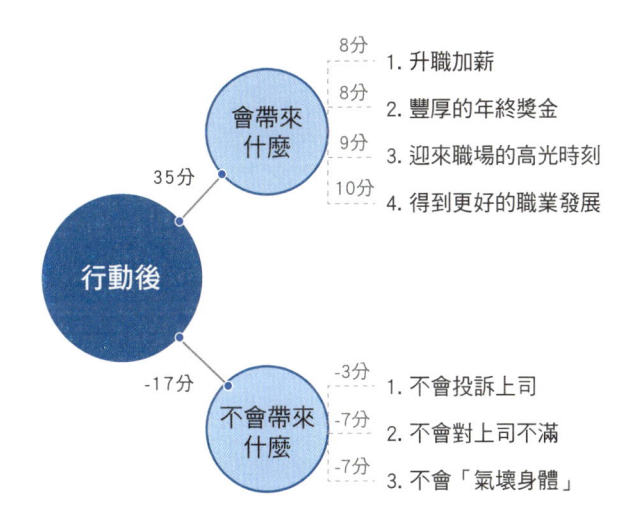

圖4-18　小鍾對兩個問題答案的打分情況示意

工具總結

「1個轉變」是一個可以應對不理想的績效結果的行動工具，如圖4-19所示，旨在幫你從消極心態轉化為積極心態，點燃你的戰鬥力。

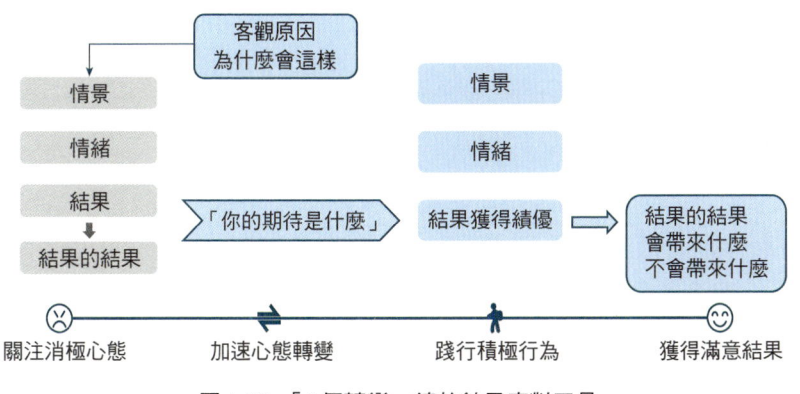

圖4-19　「1個轉變」績效結果應對工具

最強工作術
暢享職場人生的 30 個實用工具

第五階段

贏得主管職，輕鬆被提拔

職場人經常會面臨職場「魔咒」：自己能幹卻總得不到重用，同事平庸卻能青雲直上。事實上，有能力的人不代表就一定可以得到提拔，而「平庸之人」也未必是你想像的那樣平庸。每個職場人都希望能在職場中有一番作為，讓上司從看見你、關注你、認同你、滿意你到賞識你，有朝一日可以獲得職位晉升，成為職場的精英和佼佼者。5 個工具，將助你擺脫能幹卻總得不到重用的職場「魔咒」，讓你快速贏得上司信任，輕鬆被提拔。

工具 21 「需求畫布」，讓上司「看見你」

在職場上，很多人認為只有經過暗示和提醒，上司才有可能看到自己，自己就像一個「透明人」——升職加薪的「絕緣體」、LINE群裡的「冷場王」、辦公午餐的「獨行俠」⋯⋯這樣的處境讓你既心酸又無奈，心酸的是自己明明工作能力也不差，但每次升職加薪你都被忽略了；無奈的是你不知道如何才能被上司看見，因為只有被上司看見，你才有可能被委以重任，獲得更好的職業發展機會。

面臨挑戰

無論是職場新人，還是職場老手，往往會面臨以下挑戰：

- 入職多年，上司一直無法準確地叫出你的全名。
- 每一次「露臉」的機會都不會輪到你。
- 你在部門中總是沒有存在感。

傳統操作

為了讓上司看見你並記住你,你可能做過以下嘗試:

- 工作積極主動且經常加班到很晚。
- 在質量兼顧的前提下,盡力提前完成上司委派的工作,努力超越上司預期。
- 逢年過節時請上司吃飯,送部門同事一些小禮物。

當你嘗試過以上這些傳統操作,但上司依然看不見你,對你的評價僅僅是「還行吧」,始終不敢把重要的工作交給你,你在團隊中的存在感也依然很弱時,這說明你需要使用新的工具——「需求畫布」,讓上司看見你。

解決方案

當你收到上司的工作任務後,你要做的不是馬上開始工作,而是要先做好上司的需求分析,明確上司下達該工作任務的真正目的。只有當你的工作符合上司的需求,達到上司想要的結果,你在工作上的努力和成果才會被上司看見,上司才會記住你、離不開你。那麼,如何分析上司的真實需求呢?你可以透過繪製「需求畫布」來洞察上司的真實需求。繪製「需求畫布」分為3個步驟,分別是「瞭解需求背景」「制定需求達成策略」和「思考需求阻礙」,如圖5-1所示。

瞭解需求背景	制定需求達成策略	思考需求阻礙
痛點任務	止痛就行	預判阻礙
癢點任務	感同身受	調撥資源

圖5-1　繪製「需求畫布」的3大步驟

第1步：瞭解需求背景

瞭解需求背景有以下兩個操作要點：

一是對上司的需求進行分類。通常情況下，上司發佈的工作任務可以分為「痛點任務」和「癢點任務」兩類。「痛點任務」是指上司當下要解決的實際問題且該問題可能已經持續存在一段時間了，甚至可能是不能對外宣揚的「家醜」，屬於「裡子下」的問題。上司在發佈這類工作任務時或多或少會帶有負面情緒，比如，無奈、埋怨、憤怒、恐懼、悲傷等；「癢點任務」是指上司著眼於企業未來願景發佈的工作任務，是帶有上司希冀的「面子上」的問題，上司在發佈這類工作任務時，往往會帶著喜悅和熱愛的情緒。上司發佈「癢點任務」和「痛點任務」時不同的情緒反應如圖5-2所示。

在對上司的需求進行分類時，還會出現另一種情況：上司發佈的工作任務擁有比較複雜的背景，你很難單純地透過工作內容區分它究竟是「癢點任務」還是「痛點任務」。這時，你可以採用從工作結果反推任務類型的方式來確定需求的分類。你可以思考該任務的達成屬於「錦上添花」還是「雪中送炭」。一般情況下，能「錦上添花」的是「癢點任務」，而能「雪中送炭」的是「痛點任務」。

痛點任務　　憤怒　　悲傷　　恐懼

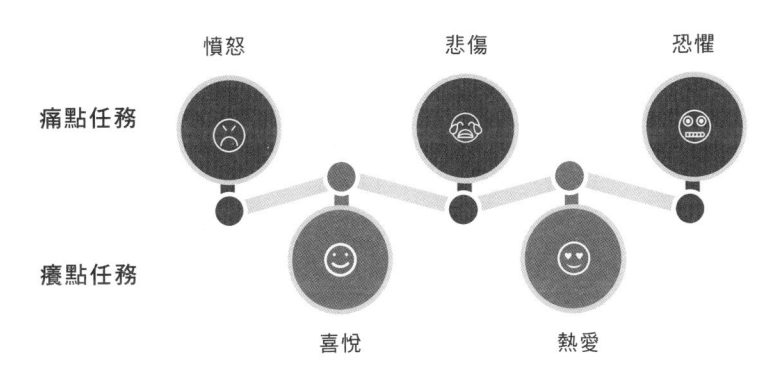

癢點任務　　喜悅　　熱愛

圖5-2　上司發佈「痛點任務」和「癢點任務」時不同的情緒反應示意

二是根據上司需求的類別制定針對性的執行策略。在面對「痛點任務」時，你要弄清楚上司為何會產生負面情緒，比如，他為何無奈、為何憤怒。當你知道這些負面情緒從何而來時，你才能掌握上司需求背後產生的根本原因，明確究竟是哪裡出現了問題；在面對「癢點任務」時，你要冷靜地尋找上司的期待點，明確上司到底想要你達成什麼樣的結果，做到「對症下藥」。

第2步：制定需求達成策略

什麼樣的動作容易被看清？答案是簡單的慢動作。同理，在企業中，越能滿足最小化需求的策略，越容易獲得青睞。因此，當你接受了「痛點任務」或「癢點任務」後，需要對任務的需求程度進行分類，細化出上司最迫切需要滿足的需求，並制定相應的達成策略滿足這些需求。

(1)「痛點任務」的達成策略

「痛點任務」是需要立刻達成、立即見效的任務。因此，達成「痛點任務」需要交付具有實用性的工作成果。制定「痛點任務」的達成策略，有「止痛」和「治痛」兩種策略。當你面對痛點任務時，你要首先選擇「止痛」策略，再選擇「治痛」策略，兩者有先後順序。

「止痛」策略是指將眼下亟待解決的問題立刻解決，達到立竿見影的效果。這種策略通常易於上手，效果明顯，但不能從根源上解決問題。「治痛」策略是指對出現的問題進行系統化處理，從根源處解決問題。比如，某部門資料長期無序堆積，查找資訊十分困難，上司對此很生氣，要求你立刻解決這個問題。此時，你需要採用「止痛」策略，將資料迅速進行標籤化分類並歸檔，使上司能夠迅速查找到他想要的資料，達到立竿見影的效果。在「止痛」效果達成後，你才可以思考如何「治痛」，從根源處解決資料無序堆積的問題，系統化設計資料保存方案，包括制定設計資料整理流程、撰寫資料整理手冊以及開展資料整理相關培訓等。

需要注意的是，制定完策略並實施後，你還需要讓上司看到你的工作成果，將工作成果視覺化，即進行工作彙報，彙報過程可以參考工具18中的「3盞聚光燈」，簡單明瞭、邏輯嚴謹地彙報「痛點任務」達成情況。

(2)「癢點任務」的達成策略

制定「癢點任務」達成策略的關鍵是讓上司「感同身受」。因為「癢點任務」是對未來的暢想，並不能立刻達成，不能立刻展示達成結果。此時，你需要從內容、形式等各個方面出發，讓上司感

受到「癢點任務」達成後的預期效果。

比如，你的部門剛剛完成了一個重要專案，上司讓你準備一份專案總結作為部門績效述職的彙報資料呈報給公司。你在撰寫這份總結時，有兩個關鍵點：一是內容上應該側重於撰寫專案成果的價值，讓上司感受到本次專案成功對於公司未來發展的重要性，對未來項目形成新的展望，項目完成過程中的艱辛和對專案的客觀描述等內容也很重要，但在此時只需一筆帶過；二是在形式上你可以進行視覺效果處理，比如，將項目總結中的關鍵字進行加粗、放大，或是採用對比強烈的圖表來呈現專案成果，提升上司「感同身受」的效果。圖5-3所示為專案成果呈現形式的3個不同版本對比。

1.0版本：本次專案成果將為公司帶來近1000萬元的新增收入

2.0版本：本次專案成果將為公司帶來近**1000萬元**的**新增**收入

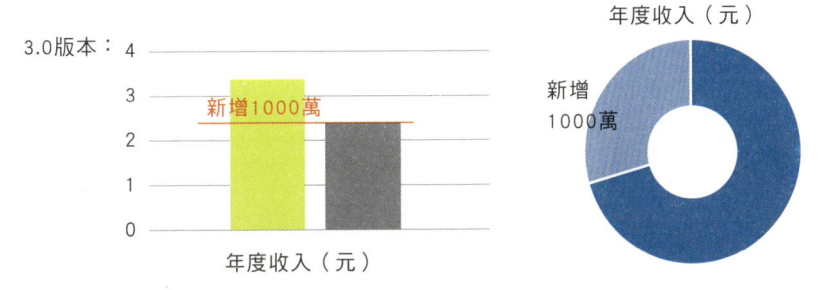

3.0版本：

圖5-3　專案成果呈現形式的3個不同版本對比

第3步：思考需求阻礙

所謂「需求阻礙」，是指你在開展具體的達成策略之前，要對行動中的潛在風險和可能存在的阻礙做出預判，設定必要的風險控

制措施和防範機制。如果你沒有對需求阻礙進行必要的思考，在後續執行工作任務的過程中，你將很容易出現「面對困難，力不從心」的狀況，甚至工作難以繼續開展下去，這也是很多職場人成為「透明人」的重要原因之一。

對於「痛點任務」和「癢點任務」，你在思考需求阻礙時也要有側重點。對於「痛點任務」，你要關注「風險是否能降低」，即阻礙是否能被克服。此時，你不能存在僥倖心理，要居安思危、防微杜漸，你可以透過繪製「6個明確地圖」（詳見工具17）來確保你的工作不偏航、不迷航；對於「癢點任務」，你要關注「願望是否能滿足」，即願望的實現是否會遭遇阻礙，合理運用「7步供需圖譜」（詳見工具13），來把握上司需求，確保自己達成上司的需求。

需要注意的是，無論執行哪種工作任務，你的工作能力都是決定任務成敗的核心因素。「需求畫布」這一工具，只能作為你紮實個人工作能力之上的輔助工具。因此，你想被上司看見，使用「需求畫布」時，還要不斷精進自己的工作能力，打好基本功。

工具總結

「需求畫布」是一個幫助你進行上司需求分析的雙通路畫布工具，如圖5-4所示。該工具分別從「痛點任務」和「癢點任務」兩個方面出發，幫助你分析上司的真實需求，從而達成上司的需求，讓上司看見你、記住你、離不開你。

瞭解需求背景	制定需求達成策略	思考需求阻礙
「痛點任務」:「裡子下」	「痛點任務」:立刻達成、立即見效	「痛點任務」:風險是否能降低
上司當下要解決的實際問題,會給上司帶來負面情緒	先「止痛」後「治痛」	「6個明確地圖」（工具17）
「癢點任務」:「面子上」	「癢點任務」:感同身受	「癢點任務」:願望是否能滿足
上司著眼於企業未來願景發佈的工作任務,會給上司帶來積極情緒	從內容、形式上讓上司看見預期效果	「7步供需圖譜」（工具13）

圖5-4　繪製完成的「需求畫布」

工具 22 「分析看板」,讓上司「關注你」

經過一段時間對「需求畫布」的運用,你較好地完成了上司發佈的工作任務並成功被對方看見。此時,上司心中認為你是一個有潛力的人,想要給你一些成長的機會。於是,他交給你一項重要的工作任務,希望你能再接再厲,取得更好的成績。面對突如其來的成長機會,你不知該如何把握,你的內心既興奮又擔憂。興奮的是自己終於有了成長機會,晉升有望;擔憂的是害怕自己能力不夠,抓不住機會,如果不能把握住這次機會,那麼自己將很難贏得上司的關注,之前做的努力也將付之東流。

面臨挑戰

在職場,當成長機會來臨時,往往會面臨以下三大挑戰:

- 對自己信心不足,擔心自己的能力不能很好地完成工作任務,因此拒絕了上司。

- 你不知道如何開展工作，工作品質和進度都堪憂，遲遲沒有成果。
- 上司的要求你似懂非懂，但又不敢多問，可不問又進行不下去。

傳統操作

為了完成上司交給你的重要任務，讓上司繼續關注你，你可能做過以下嘗試：

- 不斷參加各種培訓，提升自己的信心。
- 向老同事請教，透過給他們當助手「取經」。
- 把上司的每一項要求都詳細地記錄下來，在完成工作的過程中經常拿出來看。

當你嘗試過以上這些傳統操作，依然沒有勇氣承接新的挑戰，抓不住上司給予的成長機會時，這說明你需要使用新的工具——「分析看板」，讓上司關注你。

解決方案

當你無法從上司發佈的任務中看出上司的態度、情緒時，你就需要使用「分析看板」，短時間內將上司的需求分析清楚。「分析看板」主要包括兩大內容：一是分析「何因」「何事」「何時」「何人」和「何地」等任務基礎資訊；二是分析「怎麼做」「關鍵成果」「怎麼算」和「關鍵資源」等任務完成路徑，如表5-1所示。

表5-1 「分析看板」具體內容

何因	何事	何時	何人	何地

怎麼做	怎麼算
關鍵成果	關鍵資源

1. 分析任務基礎資訊

從「分析看板」中可見，任務的基礎資訊包括5大要素，即「何因」「何事」「何時」「何人」和「何地」。其中，「何因」是指這項任務的價值是什麼；「何事」是指這項任務的目的是什麼；「何時」是指這項任務的時間表如何設定；「何人」是指有哪些人會參與這項任務；「何地」是指這項任務的適用場景是什麼，如圖5-5所示。

比如，何偉最近被上司委派了一項新任務——設計員工福利體系。由於企業裡沒有同事之前做過這項工作，因此何偉能借鑑的經驗很少。為了準確地瞭解上司的需求，他與上司進行了一次深入溝通，得出了以下5個任務的基礎資訊，如圖5-6所示。

得出以下任務基礎資訊後，何偉在分析需求的過程中又產生了一些新的疑問。於是，他再次找到上司確認了以下資訊，如圖5-7所示。

何因	這項任務的價值是什麼
何事	這項任務的目的是什麼
何時	這項任務的時間表如何設定
何人	有哪些人會參與這項任務
何地	這項任務的適用場景是什麼

圖 5-5　任務基礎資訊包含的 5 大要素

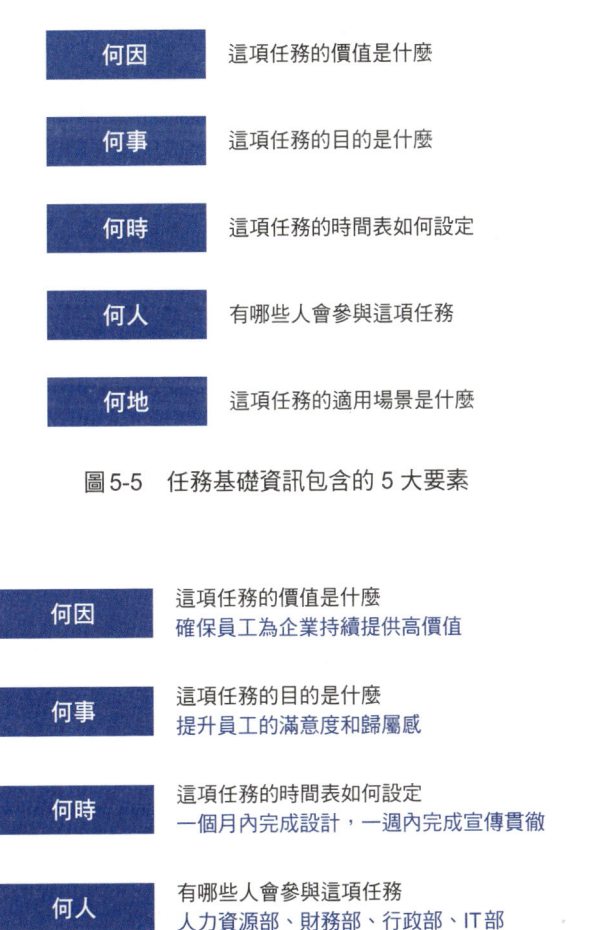

何因	這項任務的價值是什麼 確保員工為企業持續提供高價值
何事	這項任務的目的是什麼 提升員工的滿意度和歸屬感
何時	這項任務的時間表如何設定 一個月內完成設計，一週內完成宣傳貫徹
何人	有哪些人會參與這項任務 人力資源部、財務部、行政部、IT 部
何地	這項任務的適用場景是什麼 線下團隊活動＋線上福利選購

圖 5-6　何偉與上司溝通後得出的任務基礎資訊

何因	這項任務的價值是什麼 確保員工為企業持續提供高價值	
何事	這項任務的目的是什麼 提升員工的滿意度和歸屬感	當下為何要提升
何時	這項任務的時間表如何設定　設計範本是什麼 一個月內完成(設計)，一週內完成宣傳貫徹	
何人	有哪些人會參與這項任務　為何會有IT部門 人力資源部、財務部、行政部、(IT部)	
何地	這項任務的適用場景是什麼 線下團隊活動＋線上福利選購	

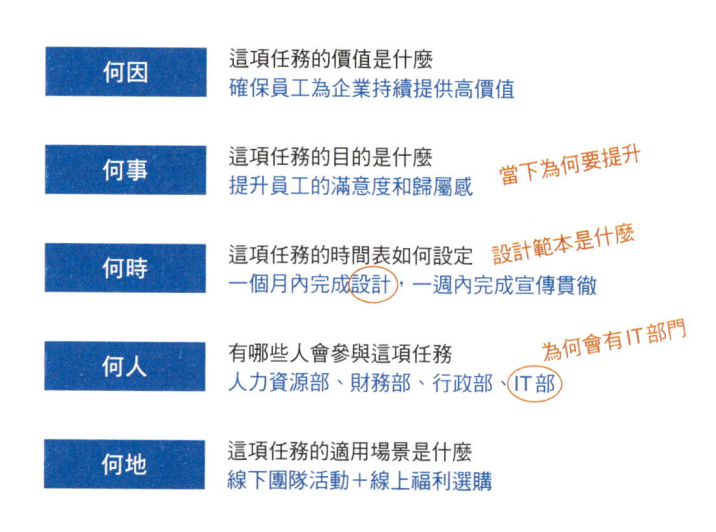

圖5-7　何偉與上司再次確認的任務基礎資訊

　　上司在一一解答了何偉的疑問後，關注到何偉思考的敏捷性，認為何偉能在短時間內弄清任務的基礎資訊，是一個可造之材。自此，上司記住了何偉。兩個月後，當企業裡出現了輪調鍛鍊的機會時，上司第一時間想到了何偉，準備透過這次輪調讓何偉加深對企業業務的瞭解。於是，上司將何偉調派到銷售部。何偉在完成銷售任務時，依然使用了「分析看板」進行任務基礎資訊分析，如圖5-8所示。

　　何偉在梳理銷售任務基礎資訊時產生了一些疑問，便向銷售部總經理趙總一一請教。對方解答後認為何偉邏輯清晰、勤於思考，便教給何偉一些更詳細的基礎資訊梳理方法。趙總指出，如果想要加快銷售進程，還需要對「何人」進行分類。根據客戶方關注點的不同，大體可將其分為5類角色，即「需求人」「影響人」「決策

何因	產品能為客戶解決什麼問題
何事	如何使用產品解決客戶問題
何時	客戶在什麼時候使用產品
何人	客戶方不同角色的關注點是什麼
何地	客戶方是在怎樣的範圍內使用產品

圖5-8　何偉梳理的銷售任務基礎資訊

人」「購買人」和「使用人」，如圖5-9所示。

通常情況下，採購需求由「需求人」提出，經過「影響人」施加的影響力，到達「決策人」處進行審批。如果「決策人」決定採購，則會由「購買人」做出購買行為，最終交由「使用人」使用。一般而言，「使用人」與「需求人」都是同一個人或同一類人。在整個採購決策流程中，「需求人」和「使用人」關注產品的使用價值，即產品是否好用、是否能用。「決策人」關注的是產品的體驗

| 關注產品的使用價值 | 關注產品使用體驗或產品使用影響 | 關注產品的體驗價值 | 關注產品成本 | 關注產品的使用價值 |
| 需求人 | 影響人 | 決策人 | 購買人 | 使用人 |

圖5-9　客戶方的5類角色

價值，即這個產品會給企業帶來怎樣的附加價值。比如，知名企業更願意購買知名供應商提供的產品，因為不僅能購買產品，還能將供應商提供的產品作為自身產品的賣點，獲得更多用戶關注。「購買人」主要關注的是產品的成本。「影響人」的關注點較為複雜，如果他在產品使用部門供職，則會關注產品使用體驗；如果他來自其他部門，則很大機率會關注產品使用影響，這裡的影響包括產品使用後對企業其他部門的影響和對企業品牌價值的影響等。

需要注意的是，有些「影響人」並不會關注產品本身，而是希望透過影響決策流程彰顯自己的地位。在面對這類「影響人」時，你要表現出對他的尊重，讓對方感受到你的恭敬，從而促成交易的達成。

在圖5-9中，「決策人」和「使用人」上方都畫了兩把鎖，這是因為在銷售任務推進過程中，這兩種角色是重要的關鍵。當產品的性能、品質、價格等客觀因素都符合客戶方要求，且客戶方之前並未使用過你銷售的產品時，客戶方還會思考產品的替代成本。什麼是產品的替代成本？是指新產品替代老產品後產生的變動成本。比如，「決策人」會思考新產品替代老產品後，新產品銷售方是否有足夠的信用，採購是否能如約達成；「使用人」會思考新產品替代老產品後，是否會增加工作量或改變「使用人」固有的工作習慣，是否需要大量時間去磨合等。此時，你作為銷售部門代表，應該想辦法打消「決策人」和「使用人」的這些顧慮，讓對方明確此次替代成本非常小，從而攻破對方的心理防線。

透過使用「分析看板」，何偉不僅贏得了上司的重視，還成功收穫了上司的「獨家」輔導。

2. 分析任務完成路徑

在對任務基礎資訊進行細緻分析後，如何著手完成任務便成了你此時需要思考的重點。分析任務完成路徑要思考兩個問題：一是「怎麼做」；二是「怎麼算」。

(1) 怎麼做

怎麼做即完成任務的關鍵成果是什麼。關於這個問題，前文中有許多可以借鑑的工具，比如工具07中的「四位一體法」等，此處不再贅述。

(2) 怎麼算

怎麼算即你的手中還有多少資源可以利用。在思考這個問題時，你可以將「折疊時間管理法」轉化為「折疊資源管理法」使用，具體操作方法如下：

第1步，你可以透過現成的工作範本快速瞭解完成該任務需要的核心技能和關鍵工具，如果已經具備了這些核心技能和關鍵工具，那麼你可以立刻使用；如果沒有具備，那麼需要想辦法獲得。透過這一步，你可以「折疊」你的技能和工具資源。

第2步，你可以透過工作流程確保一次性將資訊傳達給所有相關方，這樣可大幅度節省反覆介紹和追要審批的時間和精力。透過這一步，你可以「折疊」你的時間和精力資源。

第3步，你可以透過知識沉澱，獲取工作經驗，開拓自己的智力和人脈。透過這一步，你可以「折疊」你的人脈和智力資源。

第4步，你可以透過借助外力，將重複度高、難度小的工作外包出去，提升工作性價比。透過這一步，你可以「折疊」你的資金

和時間資源。

工具總結

「分析看板」是一個工作任務分析工具，旨在第一時間清楚分析關鍵任務資訊，進而高品質交付任務，贏得上司的關注。「分析看板」主要可分為以下兩個部分：

(1) **分析任務基礎資訊**

這一部分涉及 5 類問題，即「何因」「何事」「何時」「何人」和「何地」。其中，「何人」又分為5種角色，掌握不同角色的不同關注點，可以加快成果轉化。

(2) **分析任務完成路徑**

這一部分你需要思考「怎麼做」和「怎麼算」。

工具 23 「優選列表」，讓上司「認同你」

透過不懈努力，你終於用實力向上司證明了自己是可用之材。上司逐步將部門的重點工作交給你負責，並有意識地在一些工作上徵詢你的意見，希望你幫助他做出正確的決策。然而你總是很忐忑，擔心自己提出的意見得不到上司的認同。

面臨挑戰

為了讓上司認同你，你加倍努力，然而以下的挑戰卻總是困擾著你：

- 你常常埋頭苦思到深夜，卻想不出任何決策意見。
- 你抓不準工作重點，提出的決策意見上司認為不重要。
- 你給出的決策意見太多，上司不願意看。

傳統操作

為了應對這些挑戰，你可能做過以下嘗試：

- 向其他同事學習如何提出決策意見。
- 關注上司的喜好，分析上司可能關注的問題。
- 提前做好各個決策意見之間的對比分析，選出一個或兩個最優決策意見提供給上司。

當你嘗試過以上這些傳統操作，依然無法讓上司採納你的建議、認同你的意見時，這說明你需要使用新的工具——「優選列表」，讓上司認同你。

解決方案

提供決策意見，本質是根據工作現狀，提取與任務成敗相關的各個關鍵因素，並進行綜合對比，得出「最優解」。因此，提出建議或指定方案的方法就是列出「優選列表」，可分為兩步，即找出「必選項」和「可選項」。必選項包括「投入」「產出」和「相關度」3個方面；可選項包括「實操」「風險」和「阻礙」3個方面，如表5-2所示。

表5-2 「優選列表」示意

	「最優解」解決方案
必選項	投入
	產出
	相關度
可選項	實操
	風險
	阻礙

在借助「優選列表」提供決策意見時，你需要遵守兩個原則。一是如無必要，不要增加必選項；一般必選項不超過兩項，如遇重大或複雜決策是必選項時，最好也不要超過3個。二是如無必要，不要增加可選項；之所以還要列出可選項，是因為有的決策內容存在特殊性，需要適度添加可選項進行補充，以確保決策的全面性，但可選項只是附加選項，不需要過多添加。

第1步：必選項——投入、產出和相關度

因為企業中任何商業行為的開展都需要投入資源才能獲得產出，在這個過程中會受到一些相關因素的影響，所以「優選清單」中的必選項包括投入、產出和相關度3類要素。在這3類要素中，每一類要素又可以進一步細分。你需要選出每個要素中對商業行為成敗有著決定性影響的關鍵因素，列入「優選列表」，作為決策意見的重要參考方向。

項目1：投入

在工具16中，你明確了資源可分為外部資源與內部資源。外部資源包括技能、工具、人脈和資金；內部資源包括時間、體力、智力和習慣。將這8類常見資源按照投入屬性進一步劃分，可分為3種類型：一是產出類資源，即投入該資源後能直接獲得回報的，比如到銀行存款，投入資金便可以獲得收益；二是提升類資源，即投入該資源後能間接獲得回報的，比如學習知識，這些知識不一定能用上，但對你的未來發展能產生幫助；三是沉沒類資源，即該資源投入後是不可回收的，屬於沉沒成本[6]，比如時間，做任何工作都需要投入時間且這些時間無法回收。

在「投入」要素中，產出類和沉沒類資源通常是關鍵影響因素，因為這兩類資源與回報有著直接關聯。其中，產出類資源優選資金資源，沉沒類資源優選時間資源，如表5-3所示。這兩類資源相比其他資源更容易被量化且使用範圍更廣，任何一家企業都希望找到資金投入少、用時短且收益可觀的項目。

表5-3　8類常見資源的投入屬性分類示意

資源分類		產出類	提升類	沉沒類
外部資源	技能		✓	
	工具		✓	
	人脈			✓
	資金	優選 ✓		
內部資源	時間			優選 ✓
	體力			
	智力	✓		
	習慣		✓	

項目2：產出

產出要素包含了「3力」，分別是財力、影響力和表達力，如圖5-10所示。其中，財力是需要優選的關鍵影響因素，因為企業經營的本質是盈利，只有盈利，企業才能活下去。

圖5-10　產出要素中的「3力」

除財力外，你還需要從影響力和表達力中選出次要的影響因素。

影響力包括生理、安全、歸屬和尊重4個因素。你在選擇時，需要根據實際情況，找出其中最為重要的影響因素。比如，企業要給上夜班的員工購買意外保險，讓你選購產品，如果你的側重點不同，將會出現不同的選擇。可能出現以下兩種情況：一是你考慮到購買保險的主要目的是給予員工充足的保障，你購買保險時會從員工生理層面選擇；二是你考慮到購買保險是為了讓員工安心，你購買保險時會從讓員工獲得歸屬感層面選擇。

表達力包括求知、審美和自我實現3個因素。通常情況下，這3個因素的選擇順序為求知—審美—自我實現，因為求知是最基礎

⑥ 沉沒成本：那些付出了且無法收回的成本。

的，越往上越難實現。比如，企業要對員工進行培訓，你需要提交培訓方案，你究竟應該選擇知識傳播類培訓、能力提升類培訓還是自我探索類培訓呢？從原則上講，你應該優先滿足企業員工的基礎需求，即求知的需求，確保該需求已滿足後，再進行其他拓展性培訓。

項目3：相關度

相關度是指你在提供決策意見時，要考慮企業的戰略、發展方向等因素，然後根據這些因素，思考應該從哪些方面做決策。比如，許多企業在做戰略決策時會遇到一個問題：做大還是做強？如果企業選擇做強，那麼你就需要考慮與深度相關的因素，包括產品品質、工作效率、品牌形象等；如果企業選擇做大，那麼你就需要思考與廣度相關的因素，比如，如何佔領市場、擴大規模等，如圖5-11所示。

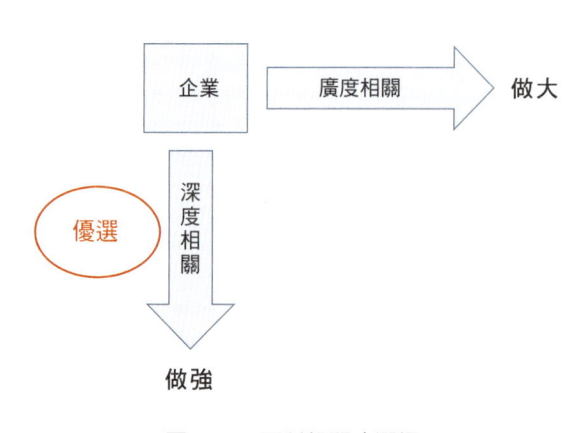

圖5-11 兩種相關度選擇

第2步：可選項——實操、風險和阻礙

可選項包括實操、風險與阻礙3大要素，這3大要素雖然不能量化，但你仍然需要對其進行補充排序，得出需要注意的重要影響因素。

要素1：實操

再好的方案，無法落實就是零。在對執行方案進行選擇時，你通常可以選擇「照搬」「調整」與「創新」3種方式，如圖5-12所示。

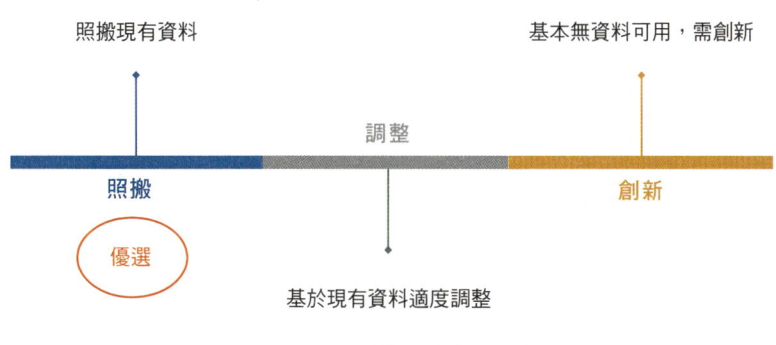

圖5-12　3種執行方案的選擇

在選擇執行方案時，可能出現3種情況：一是有可照搬資料時，照搬現有資料是最優選，因為它能在最短時間內滿足上司需求；二是沒有可以照搬的資料時，你可以選擇基於現有資料適度調整便能使用的資料；三是面對突破性工作，無可用資料時，你需要進行創新。

要素2：風險

　　企業開展任何工作都有風險，特別是一些週期較長的項目，你需要事先進行風險預估，選擇風險最小的項目開展。如何定義風險的大小？你可以從風險發生機率和損失大小兩個維度出發，組合得出4種選擇：一是風險發生機率高且損失大的項目，這種項目要直接放棄；二是風險發生機率高，但損失小的項目，這種項目待定；三是風險發生機率低，但損失大的項目，這種項目待定；四是風險發生機率低且損失小的項目，這種項目是最優選擇，如圖5-13所示。

要素3：阻礙

　　與風險相比，阻礙的事前可預見性更高，在工具17中已經說明阻礙可以被分為3類，分別為意外阻礙、人際阻礙和執行阻礙。

　　大部分阻礙都能被事前預見，可分為兩種情況：一是因為技能

	損失大	損失小
機率高	放棄	
機率低		優選

圖5-13　4種風險選擇

不足導致的執行阻礙,在工作開始前就能確認;二是因為利益衝突導致的人際阻礙,從始至終都會客觀存在,不會因為工作任務的更換憑空消失。但意外阻礙卻很難被預見,要麼被忽視,要麼因太過異常不被考慮。所以,將意外阻礙列入可選項中,幾乎是無效操作。

阻礙中的優選因素是執行阻礙,如圖5-14所示。執行阻礙比人際阻礙和意外阻礙更可控且針對執行阻礙做出相應預防對策後,能更快看見效果。

需要注意的是,當你能從以上所有因素中選出對決策起到決定性影響的「冠軍」因素時,就不要再選擇其他因素作為補充了,集中火力攻下一個山頭,效率更高。這也是使用「優選列表」的第3個原則——如無必要勿選「三甲」。

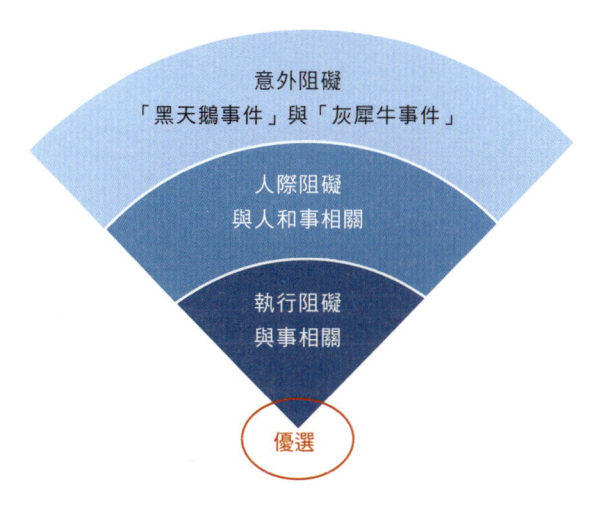

圖5-14 3種阻礙選擇

工具總結

「優選列表」是一個多因素篩選工具，旨在透過優化篩選標準提升決策效率，讓你成為上司的得力「幕僚」，得到上司認同，如表5-4所示。值得注意的是，你在使用「優選列表」工具進行選擇時，需要確保3個如無必要，即如無必要勿增必選項、如無必要勿增可選項和如無必要勿選「三甲」。

表5-4 「優選列表」各因素分析

必選項				可選項	
投入	外部資源	技能		實操	照搬（優選）
^	^	工具		^	調整
^	^	人脈		^	創新
^	內部資源	資金		風險	損失小機率低（優選）
^	^	時間（優選）		^	損失小機率高
^	^	體力		^	損失大機率低 ×
^	^	智力		^	損失大機率高
^	^	習慣		阻礙	執行阻礙（優選）
產出	財力（優選）			^	人際阻礙 ×
^	影響力	生理		^	意外阻礙
^	^	安全				
^	^	歸屬				
^	^	尊重				
^	表達力	求知				
^	^	審美				
^	^	自我實現				
相關度	做強	深度相關（優選）				
^	做大	廣度相關				

工具 24 「開門見喜」，讓上司「滿意你」

職場中曾有一句話廣為流傳：「做好PPT，走遍天下都不怕。」PPT一度是各個企業中員工展示工作成績的重要形式。然而，不知道從什麼時候起，PPT的使用開始氾濫，人們往往過於追求PPT形式的美觀，卻忽視了內容本身。這種喧賓奪主的方式被許多企業上司詬病。於是，他們索性取消了PPT的彙報形式，要求員工做「一頁紙報告」，在一張紙上說明自己的工作情況。這對許多人來說是一個新的挑戰，如何使用「一頁紙」做書面彙報呢？

面臨挑戰

對於剛開始嘗試「一頁紙報告」的你而言，進行書面彙報時往往面臨著以下挑戰：

- 你的書面彙報只是羅列了要點，沒有主次之分，讓上司抓不住重點。

- 你的書面彙報過於詳細或過於簡單，工作成果不突出，讓上司看不到成績。
- 你的書面彙報上密密麻麻寫滿了文字，讓上司沒興趣看。

傳統操作

為了應對這些挑戰，你可能做過以下嘗試：

- 運用不同字體、字型大小，清晰標出書面彙報中的重點內容。
- 運用簡潔的語言，在書面彙報中分點闡釋工作成果。
- 借鑑網路範本，做視覺化報告。

當你嘗試過以上這些傳統操作，依然無法讓上司在第一時間抓到報告的重點，讓他透過報告認可你的工作成果時，這說明你需要使用新的工具——「開門見喜」，做好書面彙報，讓上司滿意你。

解決方案

「開門見喜」是指採用更加合理的框架、形式，讓上司一看到你書面彙報的開頭就感到喜悅，進而提升上司對你的滿意度。「開門見喜」分為兩部分內容：一是開頭框架公式化；二是展現形式圖表化。

1. 開頭框架公式化

開頭框架公式化，是指在書面彙報的開頭採用以下4種寫作公式。

(1)「開門見喜」公式

書面彙報的開頭要想第一眼吸睛,就要先「報喜」。如何「報喜」?你可以採用「開門見喜」公式,即描述「場景」「困境」「疑問」和「答案」,讓上司看到你的成就和價值,如圖5-15所示。

「開門見喜」＝場景＋困境＋疑問＋答案

圖5-15 「開門見喜」公式

以曉莉為例,她剛剛做完一個業務分析專案,按照「開門見喜」彙報公式寫出了書面彙報的開頭,如圖5-16所示。

這樣的書面彙報開頭能在第一時間吸引上司的注意力,讓上司願意往下看。因為這個開頭直接陳述了公司面臨的難題,並給出了答案,迅速將上司帶入了相關情境中。

場景	公司的可行性研究項目數量在過去5年中增長了30%
困境	但無法證明研究成果對於公司業績增長有明顯貢獻
疑問	如何確保可行性研究切實助力公司業績增長
答案	實施「可行性研究價值追蹤計畫」,可以解決該問題

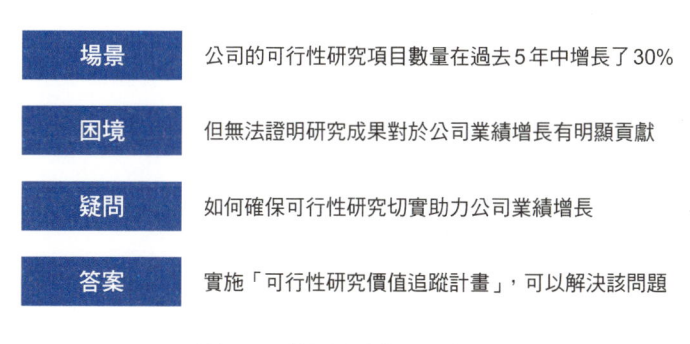

圖5-16 「開門見喜」公式示意

(2)「敲開門見喜」公式

如果你想透過書面彙報讓上司在看到階段性成果的同時注意到現階段面臨的危機,以此引起上司的重視,爭取更多資源,那麼你可以使用「敲開門見喜」公式,撰寫書面彙報的開頭。「敲開門見喜」公式只需描述「困境」「場景」和「答案」,如圖5-17所示。

圖5-17 「敲開門見喜」公式

根據「敲開門見喜」公式,曉莉書面彙報開頭可以這樣寫,如圖5-18所示。

困境	現無法證明可行性研究成果對公司業績提升有明顯貢獻
場景	公司的可行性研究項目數量在過去5年中增長了30%
答案	實施「可行性研究價值追蹤計畫」,確保可行性研究具備變現能力

圖5-18 「敲開門見喜」公式示意

看到這樣的彙報開頭,上司第一眼就能看到當下面臨的困境,可以很好地激發上司對該專案的擔憂情緒,思考「可行性研究沒有成果,資源是不是被浪費了」等問題。當上司意識到眼下的問題確實需要馬上解決時,你再爭取資源就會更容易得到支援。

(3)「推開門見喜」公式

除了可以使用「敲開門見喜」公式讓上司注意到現階段的危機，你還可以透過充分傳達信心來為自己爭取資源，即在書面彙報開頭描述「疑問」「場景」「困境」和「答案」，這種公式是「推開門見喜」公式，如圖5-19所示。

「推開門見喜」＝ 疑問 ＋ 場景 ＋ 困境 ＋ 答案

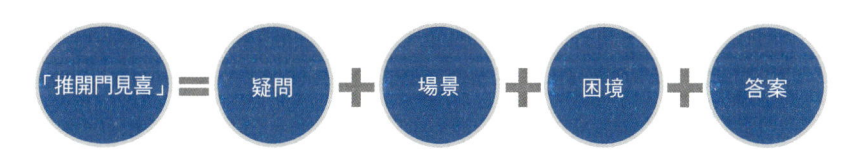

圖5-19 「推開門見喜」公式

根據「推開門見喜」公式，曉莉的書面彙報開頭可以這樣寫，如圖5-20所示。

與「敲開門見喜」相比，「推開門見喜」是在向上司傳達一種問題解決的信心和決心，能讓上司更放心地將資源提供給你。

疑問	如何確保可行性研究切實助力公司業績增長
場景	公司的可行性研究項目數量在過去5年中增長了30%
困境	但無法證明研究成果對於公司業績增長有明顯貢獻
答案	實施「可行性研究價值追蹤計畫」，可以解決該問題

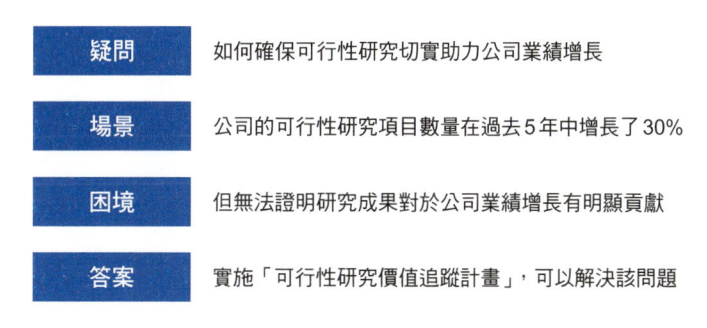

圖5-20 「推開門見喜」公式示意

⑷ 升級版「開門見喜」公式

上述示例都只是針對單一的困境進行了演示，但在現實中，一個問題往往會衍生出很多表象困境，而解決方案也不止一種。此時，你可以使用升級版「開門見喜」公式，撰寫書面彙報開頭，如圖5-21所示。

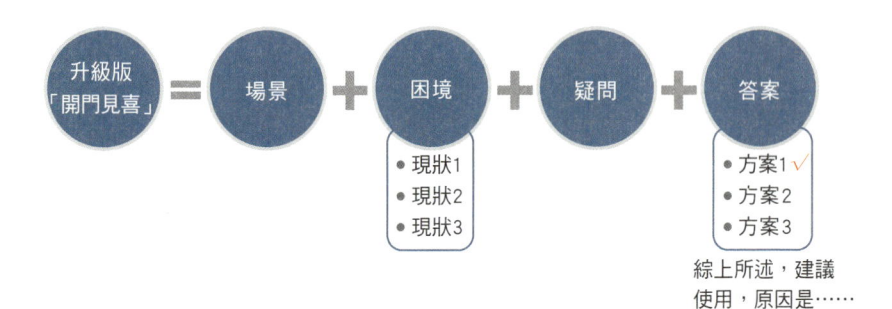

升級版「開門見喜」 = 場景 + 困境（現狀1、現狀2、現狀3）+ 疑問 + 答案（方案1✓、方案2、方案3　綜上所述，建議使用，原因是……）

圖5-21　升級版「開門見喜」公式

使用升級版「開門見喜」公式有三個注意事項：一是最多呈現3個最典型的現狀或最重要的方案，避免出現內容過於繁雜的問題；二是一定要提供解決方案，上司需要看到你解決問題的能力和對問題的思考，並不需要你列出問題讓他解決；三是解決方案要有所側重，將你認為最可行的方案排在前面。

2. 展現形式圖表化

在書面彙報中加入圖表，也能做到「開門見喜」，讓上司更直觀、清晰地看到你做出的成果。在使用圖表時，你可以運用以下兩個技巧，使圖表為書面彙報增色。

技巧1：透過調整坐標軸最大化展現成果

在使用圖表時，調整圖表坐標軸能最大化展現你的成果。圖5-22所示為兩張年度收入對比圖。乍看這兩張對比圖，右邊圖中的收入增幅大於左邊圖中的收入增幅，但仔細研究你會發現，這兩張圖中的資料是一樣的，只是右側圖中的縱坐標數值從「1」開始，而左側圖中的縱坐標數值從「0」開始。這一點看似微不足道的調整，能給人非常明顯的趨勢「錯覺」，最大化地體現出你的工作成果。另外，在資料增長的絕對值比較亮眼時，柱狀圖最為合適；資料增幅較大時，餅狀圖的視覺衝擊力更強。

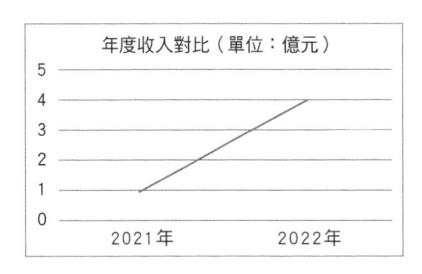

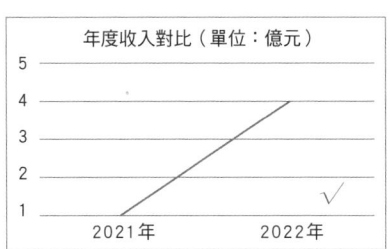

圖5-22　兩張年度收入對比圖

技巧2：圖表色彩統一

在使用圖表時，保持圖表色彩統一也能讓你的工作彙報看起來更加簡潔、大方。小霞繪製了兩張銷售管道分佈圖，如圖5-23所示。這兩張圖中，第一張圖使用了四種顏色，讓人難以辨別圖中資料資訊，目光都被各種顏色吸引了。

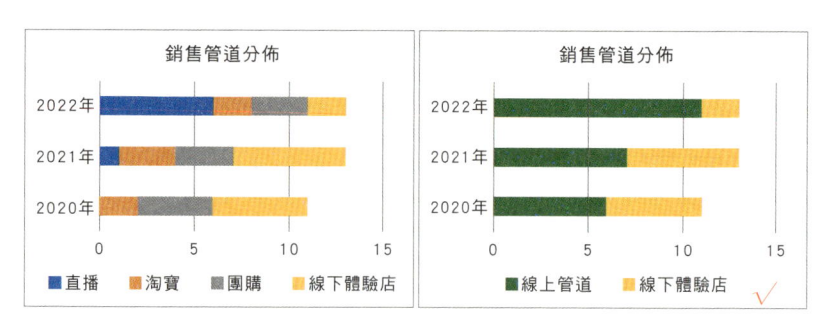

圖5-23　柱狀圖色彩對比

　　為了讓資料看起來更清晰，小霞將直播、淘寶和團購合併為線上管道，與線下體驗店進行對比，資訊指向明確，上司一眼就能感受到趨勢變化帶來的管道變化。小霞最後選擇了第二張圖呈現銷售管道分佈情況。然而，這張圖很難體現直播這一重要的單項管道。於是，小霞又做了一張單項凸顯柱狀圖，將直播管道與其他管道進行劃分，並將需要被關注的部分標示出來，如圖5-24所示。這張圖色彩統一，清晰、直觀地表達出了直播的重要性，讓上司非常滿意。

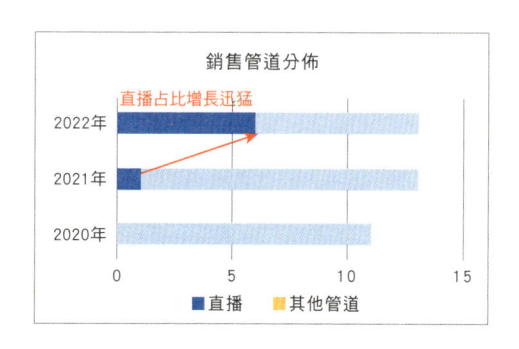

圖5-24　單項凸顯柱狀圖示意

工具總結

「開門見喜」是一個書面彙報開頭設計工具，旨在透過工作彙報的形式讓上司快速瞭解你的工作價值和成就，進而滿意你的工作，助力你的卓越發展，如圖5-25所示。

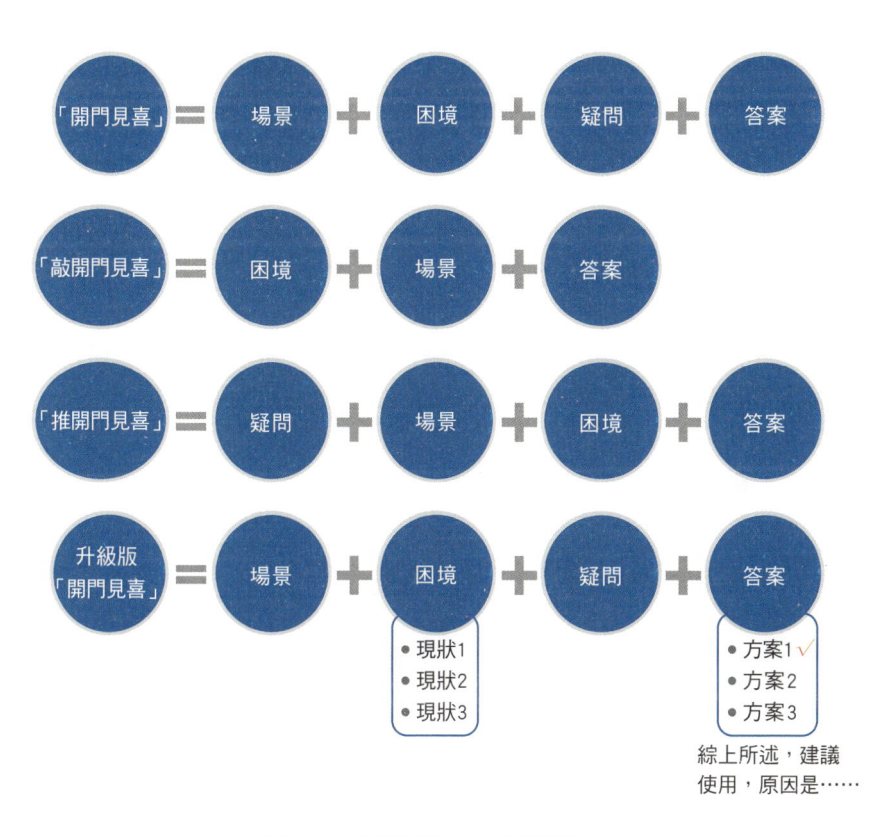

「開門見喜」 = 場景 + 困境 + 疑問 + 答案

「敲開門見喜」 = 困境 + 場景 + 答案

「推開門見喜」 = 疑問 + 場景 + 困境 + 答案

升級版「開門見喜」 = 場景 + 困境（• 現狀1 • 現狀2 • 現狀3）+ 疑問 + 答案（• 方案1 ✓ • 方案2 • 方案3）

綜上所述，建議使用，原因是……

圖5-25 「開門見喜」公式匯總

工具 25 「透析問題」,讓上司「賞識你」

一個「開門見喜」的書面彙報開頭能讓上司放下手中的工作,關注你的彙報內容。當你做好這一步,這意味著你的書面彙報已經成功了一半。那麼,另一半的成功來自哪裡呢?自然是書面彙報的正文。書面彙報正文好,上司賞識少不了。

面臨挑戰

雖然你明白要想贏得上司的賞識需要寫好書面彙報的正文,不能虎頭蛇尾,但在實際操作中,往往面臨以下挑戰:

- 你的書面彙報開頭讓上司產生了興趣,但後續內容空洞,讓上司大失所望。
- 你的書面彙報正文邏輯性較差,陳述混亂,讓上司認為你沒用心做。
- 你在書面彙報正文中沒有將問題分析透徹,提出的解決方案可行性差,讓上司覺得你的能力不足。

傳統操作

為了完成足以讓上司賞識你的書面彙報，你可能做過以下嘗試：

- 積極參加職場寫作相關培訓或購買相關書籍。
- 在日常工作中訓練自己的邏輯能力。
- 讓同事、朋友幫忙分析問題癥結所在。

當你嘗試過以上這些傳統操作，依然無法寫好書面彙報的正文，有效傳遞自己的工作內容和價值時，這說明你需要使用新的工具──「透析問題」，讓上司賞識你。

解決方案

「透析問題」不同於工具22中淺顯地分析問題，而是在書面彙報中深入地將問題分析透徹，並基於問題癥結點提出解決方案，最終獲得上司賞識。「透析問題」分為4個步驟，即「準確描述問題」「分析問題相關資訊」「查找問題產生根源」和「充分考慮問題產生的時間和場景」。

第1步：準確描述問題

在書面彙報開頭，你使用「開門見喜」工具將問題要點提煉出來。緊接著，你需要在正文中將具體問題描述清楚，否則上司很難認可你的分析，也無法贊同你的解決方案。如何在書面彙報的正文中準確描述問題呢？你可以採用兩種描述方法：一是多量化，用資料說話；二是舉例子，用事實說話。這兩種描述方法更具說服力，也能展現出你的嚴謹性。

(1) 多量化，用資料說話

在描述問題時，你可以將描述量化，採用量化描述公式，如圖5-26所示。量化描述不僅指在描述中多使用資料，還指加上一定的程度描述，比如使用「增幅」「降幅」等詞彙。你可以透過以下兩個問題描述方式體會量化描述的作用。

量化描述 ＝ 數據 ＋ 程度描述

圖5-26 「量化描述」公式

問題描述1：近期公司員工的工作狀態持續低迷，工作積極性也大打折扣，影響公司發展。

問題描述2：近期公司進行了員工工作狀態調查，結果顯示員工整體工作積極性降低了16%，這是公司成立以來的最高降幅。同時，近期公司整體業績目標未達成，差額為-20%。因此，可以看出員工低迷的工作狀態已經開始阻礙其產出，進一步持續將會制約公司發展。

其中，問題描述2中的「16%」和「-20%」屬於資料，而「最高降幅」和「未達成」「已經」等詞彙屬於程度描述，將這兩者結合起來，能讓問題描述更準確、更可信。

(2) 舉例子，用事實說話

你在描述問題時，不僅要多量化，還要舉例子。比如，在問題描述2中，「工作狀態調查」和「整體業績目標未達成」等描述屬

於證明「員工低迷的工作狀態已經開始阻礙其產出」的例子。在舉例子時，你要用最少的文字將必要的資訊傳達出來，案例也要選擇最具代表性、最能說明問題的例子且不要超過3個。

第2步：分析問題相關資訊

這一步你可以採用工具22中的「分析看板」進行，如圖 5-27 所示。其中，「為什麼是你來解決這個問題」最容易被忽視，但如果這個問題能夠得到準確回答，那麼你得出的解決方案才是有效的，因為你理解了上司委派你解決問題的用意。回答這個問題時，你需要思考你是否擁有解決該問題的關鍵資源，你可以根據前文中的資源分類進行分析，找出你解決這個問題的核心競爭力，如表 5-5 所示。

何因	為什麼是你來解決這個問題
何事	為此組織都做過哪些嘗試或準備
何時	問題已經發生多長時間
何人	問題的利益相關者有哪些
何地	問題覆蓋的範圍有多大
怎麼做	解決問題的方案是什麼
怎麼算	方案的預算是多少

圖5-27　問題「分析看板」示意

表5-5 關鍵資源分析

資源分類	資源分析	
外部資源	技能	你更擅長解決這樣的問題
	工具	你具備別人沒有的工具
	人脈	你掌握解決問題的關鍵性人脈
	資金	你可以籌措到充足的資金用以解決問題
內部資源	時間	你有足夠的時間投入進去
	體力	你有充沛的體力投入進去
	智力	你有足夠的智慧去解決這個問題
	習慣	你的習慣可以助力這個問題的解決

如果你解決該問題的核心資源是你的工作技能，那麼你的書面彙報正文中就要著重描寫如何運用專業技能解決問題。

需要注意的是，有些問題持續的時間長、覆蓋範圍廣，涉及的利益相關者很多，問題解決起來很複雜。此時，你需要深思熟慮，不能隨意給出解決方案，要用有限的資源創造出最大的效益。

第3步：查找問題產生根源

查找問題產生根源是制定解決方案的依據，也是分析問題的難點和關鍵點。在這一步，你應該多問「為什麼」。以「員工工作狀態持續低迷」這個問題為例，你需要反覆詢問「為什麼」，如圖5-28所示。

第1個問題，你可以詢問自己「為什麼員工的工作狀態低迷」。針對這個問題你得出了3個答案，即「受到疫情的影響客

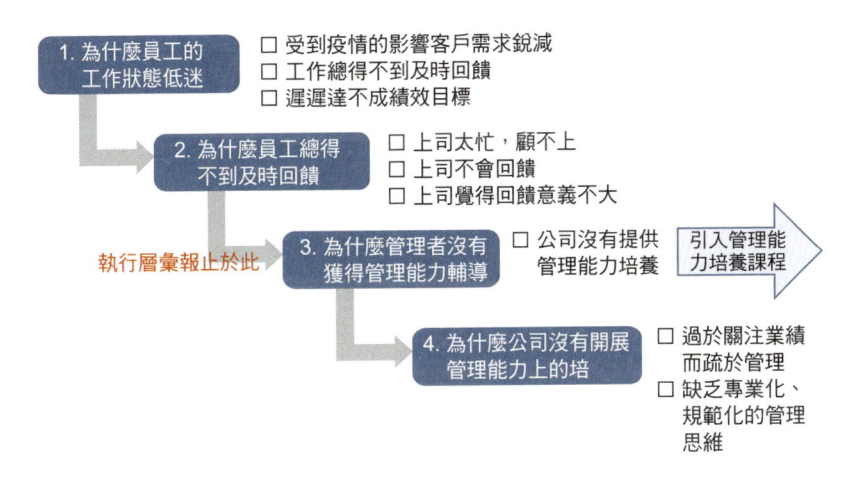

圖 5-28　多問「為什麼」方法示意

```
1. 為什麼員工的        □ 受到疫情的影響客戶需求銳減
   工作狀態低迷        □ 工作總得不到及時回饋
                      □ 遲遲達不成績效目標

     2. 為什麼員工總得      □ 上司太忙，顧不上
        不到及時回饋        □ 上司不會回饋
                          □ 上司覺得回饋意義不大

執行層彙報止於此    3. 為什麼管理者沒有    □ 公司沒有提供       引入管理能
                      獲得管理能力輔導       管理能力培養        力培養課程

                       4. 為什麼公司沒有開展   □ 過於關注業績
                          管理能力上的培          而疏於管理
                                               □ 缺乏專業化、
                                                 規範化的管理
                                                 思維
```

戶需求銳減」「工作總得不到及時回饋」和「遲遲達不成績效目標」。其中，答案1「受到疫情的影響客戶需求銳減」不具有普適性，不需要過多分析；答案3「遲遲達不成績效目標」無法判斷是由員工狀態低迷導致的，還是引起員工狀態低迷的原因，你需要暫時擱置。這樣就只剩下了「工作總得不到及時回饋」這個答案，你要圍繞這個問題再問「為什麼」。

第2個問題，你可以詢問自己「為什麼員工總得不到及時回饋」。針對這個問題你得出了3個答案，即「上司太忙，顧不上」「上司不會回饋」和「上司覺得回饋意義不大」。在回答這個問題時你不能透過自己的主觀判斷得出答案，因為你並不是上司，你需要對上司和員工進行調研，才能得出答案。比如，你從調研中瞭解到「上司太忙，顧不上」和「上司不會回饋」是主要原因，而這兩個原因都是管理能力不足造成的。

第3個問題,你可以詢問自己「為什麼管理者沒有獲得管理能力輔導」。如果最終確定是上司管理能力不足導致員工的工作狀態低迷,你就要考慮引入管理能力培養課程,但先別急著往深挖,因為工作彙報的目的不是為了給公司「開藥方」,而是要切實解決問題,優先把自己能解決的做好,彰顯自身的工作價值,才能為自己贏得更好的未來。如果你身處執行層,在做問題分析時做到這一步即可。

如果你是公司決策層,那麼你還要詢問自己第4個問題,即詢問自己「為什麼公司沒有開展管理能力上的培訓」。這是更深層次的原因,你要在逐步詢問「為什麼」的過程中,找到問題產生的根源。然後自上而下系統性、徹底性地提出解決方案,不能「頭痛醫頭,腳痛醫腳」。

第4步:充分考慮問題產生的時間和場景

這一步的作用是確保前3步中得出的分析結果具有普適性,因為有些問題不是特殊情況下產生的特殊問題,對後續工作不具有指導意義,對其進行分析沒有太大意義。

仍然以第1步中的問題為例,在充分考慮員工工作狀態低迷的時間和場景後,你發現該問題的產生時間是疫情爆發時期,場景是員工居家辦公。這是非常特殊的時間和場景,當疫情好轉,員工回到辦公室後,你再根據當時的問題設計解決方案,顯然是不適用的。

工具總結

「透析問題」是一個複合分步式問題分析工具，旨在透過將問題分析透徹，找到問題癥結，提供解決方案，並將這些分析反映在書面彙報的正文中，可最大程度獲得上司的滿意和認同，輕鬆被提拔，具體分為以下4步：

- 第1步，要準確描述問題；
- 第2步，用「分析看板」（詳見工具22）分析問題相關資訊；
- 第3步，多問「為什麼」分析問題產生的根源；
- 第4步，充分考慮問題產生的時間和場景。

最強工作術

暢享職場人生的 30 個實用工具

第六階段

暢享職場，一直高光

在職場上，偶然的「高光」很容易，比如在專案會上的一次精采發言就能讓你收穫掌聲。但只有讓自己一直「高光」，獲得可持續的職場核心競爭力，你才有可能不斷向上攀登。所謂「成功不隨便，隨便不成功」，要想讓自己在職場上一直身處「高光時刻」，需要「天時、地利、人和」，同時還要撬動「高光」槓桿，爭取更多資源和巧妙避坑，才能一直贏在職場。

工具 26 抓住「3 大黃金時刻」，輕鬆簽單

俗話說「金杯銀盃不如客戶的口碑」。在企業中，你不僅需要得到內部人員（比如上司、同事）的認可，還要服務好客戶，贏得客戶的認可。這一點對於銷售人員尤其重要。做銷售，如果你走不進客戶的心，那麼你就拿不走客戶的錢。

面臨挑戰

隨著行業競爭的加劇，銷售員越來越難贏得客戶的信任。你在銷售產品的過程中，往往面臨以下挑戰：

- 客戶總是希望產品越便宜越好，同時還要品質好、交貨快。
- 客戶總是希望你能理解他，但卻不給你瞭解他的機會。
- 客戶時常「說一套做一套」，需求飄忽不定。

傳統操作

為了服務好客戶，你可能做過以下嘗試：

- 向客戶展示產品的獨特賣點，體現產品價值。
- 與客戶多次溝通交流，瞭解其訴求。
- 為客戶提供多種選擇方案。

當你嘗試過以上這些傳統操作，依然無法讀懂客戶，俘獲客戶的「芳心」，讓客戶信任你、認可你時，這說明你需要使用新的工具——「3大黃金時刻」，輕鬆簽單。

解決方案

在銷售產品的過程中，當你付出許多努力仍然無法獲得客戶的認可且成功簽單時，可能有兩種原因：一是你用錯了工具；二是你選錯了時機。如果你僅僅是用錯了工具，那麼你可以重新選擇工具再做嘗試。但如果你是選錯了時機，那麼你將失去成交的機會，機會是難遇的，失去了就不會再來。所以，在「天時、地利、人和」中，「天時」排在第一位。要想輕鬆簽單，你要抓住「3大黃金時刻」，把握「天時」。

「3大黃金時刻」分別是指最初時刻、最好時刻和最終時刻。在這3個時刻裡，你要牢牢抓住時機，對客戶做三個動作：情緒區別、情緒錨定和情緒啟動，如圖6-1所示。

最好時刻：
情緒錨定

最初時刻：
情緒區別

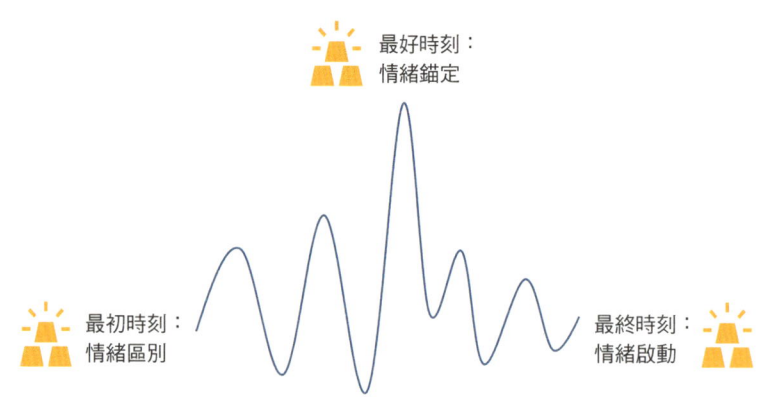

最終時刻：
情緒啟動

圖6-1 「3大黃金時刻」運用示意

1. 最初時刻：情緒區別

第1個黃金時刻是最初時刻，是指你與客戶接觸的第一時刻。在該時刻，你要做的動作是區別客戶情緒。

舉例，張總是一家諮詢公司的合夥人，他如約拜訪一位企業家客戶。見到客戶時，客戶正在閱讀一本厚厚的《集團績效制度》。見到張總後，客戶苦笑道：「張總，您快來看看，我們公司的績效考核制度到底該怎麼改？現在的績效考核制度不僅對員工起不到激勵作用，還增加了管理成本。」說完，客戶輕嘆了口氣。在「最初時刻」，張總快速對客戶的情緒進行了區別，並將客戶情緒與自己的情緒在心裡做了對比，如圖6-2所示。

區別客戶的情緒後，張總接下來要做的動作是快速縮小自己與客戶情緒之間的差距，與客戶產生共情，引導對方從負面情緒中「走」出來。否則當客戶一直處於負面情緒時，張總運用再好的銷售話術也是無用功，因為客戶根本不會在意張總說了什麼，更別談

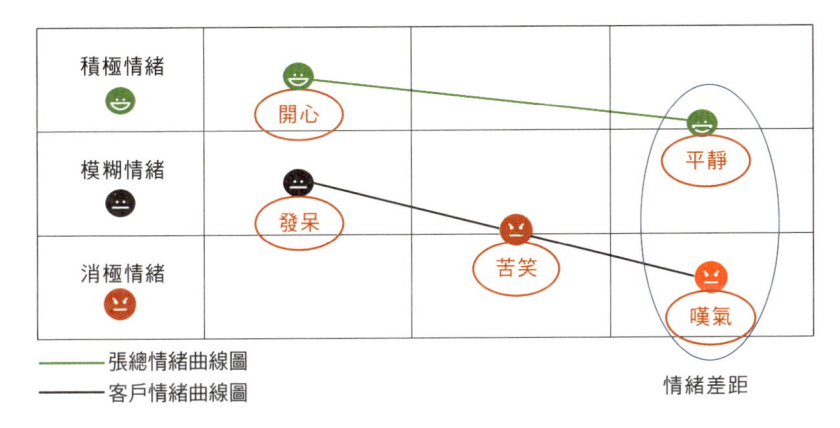

圖6-2　客戶情緒與張總情緒第一次區別對比分析

購買他的產品。因此，張總馬上對自己的情緒進行了調整，展現出自己穩重、專業的一面，開始與客戶溝通。

張總：「咱們制定績效考核制度的目的是什麼？」
客戶：「首先我希望通過績效考核制度讓企業持續盈利；其次我認為這個制度能激勵員工。」
張總：「您說的是兩個層面的內容，持續盈利是組織層面的，而激勵員工則是員工層面的，您覺得這兩方面哪個是本質問題？」
客戶：「那肯定是企業盈利，不然其他的都是空談。」
張總：「我這裡有一個指標，既可以考核績效，又可以控制成本，還能監控組織效能，您看能滿足您的要求嗎？」

在溝通的過程中，客戶逐漸從消極的情緒中走出來，連連點頭，臉上也多了一些笑容。此時，張總再一次對客戶情緒進行了區

別,並將客戶情緒與自己的情緒做了對比,發現客戶出現了明顯的情緒轉捩點,如圖6-3所示。

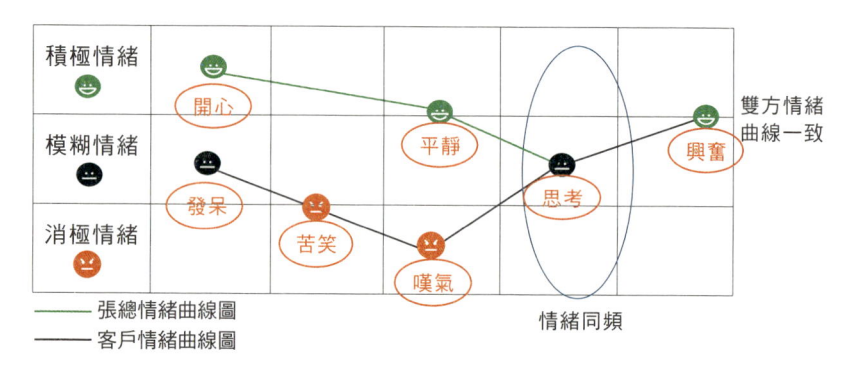

圖6-3 客戶情緒與張總情緒第二次區別對比分析

那麼,張總是如何讓客戶的情緒發生轉折的呢?答案是由淺入深地詢問客戶多個開放性問題,如圖6-4所示。

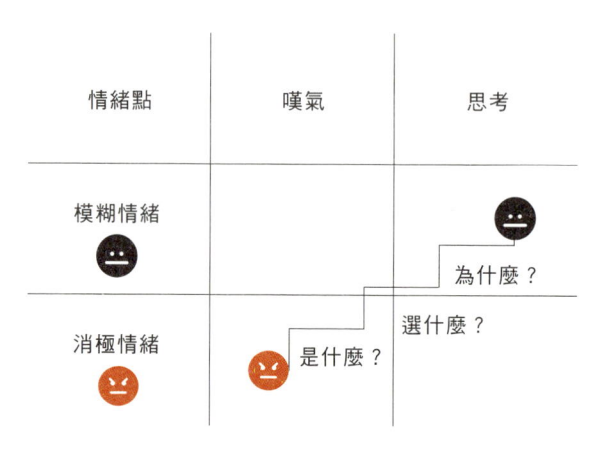

圖6-4 情緒轉折階梯

引導客戶情緒的最佳方式是提問，提問原則是從易到難，從好回答的問題開始提問，讓客戶的思維圍繞你提出的問題運轉。比如，假設張總見到客戶後提出的第一個問題是：「為什麼會出現這樣的問題？」那麼客戶會開始批判績效考核制度，不僅浪費時間，還會加重客戶的負面情緒。因此，張總從「績效目的是什麼」開始詢問，可以讓客戶冷靜下來。

當客戶的情緒得到緩解，理性思維佔據上風時，張總此時就可以向客戶提供解決方案，順利進入第2個黃金時刻。

2. 最好時刻：情緒錨定

第2個黃金時刻是最好時刻，是指客戶情緒和狀態最好的時刻。在該時刻，你要做的動作是錨定客戶情緒。

如何錨定客戶情緒？答案是提供超出客戶預期的解決方案。比如，張總向客戶提出了一個績效考核方案，並告訴客戶這個方案既可以考核績效，又可以控制成本，還能監控組織效能，客戶聽完後會感到驚喜。這種「既可以……又可以……還能……」的表達方式，能讓客戶感到物超所值。

一個問題通常有多種解決方案，但對客戶而言，解決方案並不是越多越好，而是越聚焦越好。哥倫比亞大學曾做過一個試驗：在超市中擺放6種果醬，其購買率是擺放24種果醬的10倍。由此可見，產品不是做多，而是做少，必要的精簡往往能提升客戶的購買決策效率。所以，當你在為客戶提供解決方案時切勿貪多，最好不要超過3項。同時，在你將解決方案提供給客戶之前，要進行初步篩選，篩選出效果最好、客戶最容易接受的方案。

3. 最終時刻：情緒啟動

第3個黃金時刻是最終時刻，是指客戶簽單前的最後時刻。在該時刻，你要做的動作是啟動客戶情緒，讓客戶對你提出的方案產生興奮感，徹底激發客戶的簽單欲望。

仍然以張總為例，在提出解決方案後，張總繼續說道：「這個指標就是人均利潤，不過我建議咱們先考核人均收入，因為相應的財務環境還需要培養，好在咱們企業全面預算管理比較成熟，考核收入也不會導致成本失控。」客戶聽後立即表示：「這個想法好！你能做嗎？」

當客戶問出「你能做嗎」這句話時，意味著客戶的情緒被徹底啟動，張總成功獲得了客戶的信任，如圖6-5所示。

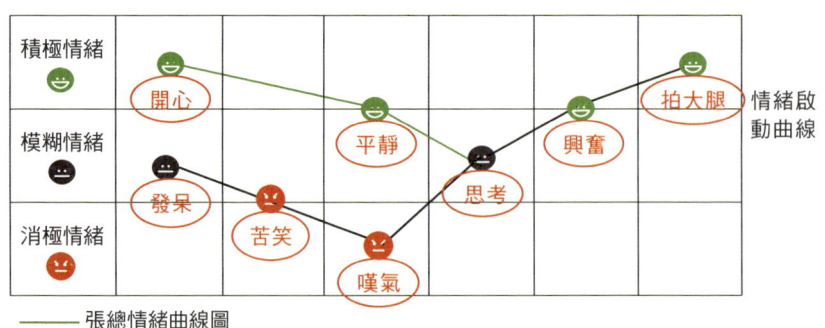

圖6-5　情緒啟動曲線

工具總結

「3大黃金時刻」是一個情緒啟動工具,旨在抓住與客戶溝通過程中的3個重要時間點,引導客戶簽單,其中涉及的3個時刻如圖6-6所示。

圖6-6 「3大黃金時刻」情緒曲線示意

工具 27　滿足「高光3要素」，營造高光場景

在職場中，當你在做工作彙報時，為了達到最好的彙報效果，你可能會設計一個吸引上司注意力的彙報場景；當你在銷售產品時，為了成功簽單，你可能會設計一個產品的使用場景，讓客戶身臨其境⋯⋯這些你精心設計的場景，就是「地利」，能讓你的目標更快、更好地達成。

面臨挑戰

在現實中，不是所有人都能營造出好的場景來讓自己達成目標，起到增光添色的作用。在實際操作中，往往會面臨以下挑戰：

- 你營造的場景形式單一，客戶體驗感差。
- 你營造場景的形式過於誇張，導致對方只關注形式，忽略了內容本身。
- 你營造的場景使用了太多元素，沒有重點。

傳統操作

為了應對以上這些挑戰，你可能做過以下嘗試：

- 利用「聲光電」營造場景，全方位提升客戶體驗感。
- 使用更簡單的形式營造場景。
- 找到最能體現主題的元素營造場景。

當你嘗試過以上這些傳統操作，依然無法成功簽單且讓上司滿意時，這說明你需要使用新的工具——「高光3要素」，助你營造高光場景。

解決方案

「高光3要素」是指目的、場景和人。

1. 目的：有何感受

在營造高光場景前，你要明確營造目的。明確目的的難點在於你錯將達成目的的手段當成了目的本身，因此營造出的場景無法打動對方。舉例，你在工作彙報中運用「3盞聚光燈」法，目的是吸引上司的目光嗎？顯然不是，吸引上司目光只是讓上司提拔你的一種方法，而不是目的本身。一旦瞭解了什麼是真正的目的，你才會明白應該關注對方哪些方面的感受。比如，你想提升產品銷量，於是你設計了試吃的場景活動，客戶試吃後感受很好，但並沒有下單購買，原因是你將客戶試吃時的感受錯誤地當成了客戶購買產品的感受。

在營造場景時，你要找到達成目的應該產生的感受，並讓對方產生相應的感受。比如，你想讓客戶下單，就要想辦法讓客戶對你的產品滿意，覺得購買你的產品「很值得」；想要上司提拔你，就要想辦法讓上司對你的工作滿意，覺得你是一個可以提拔的員工。

2. 場景：在何種情況下

明確目的後，你要開始設計場景，讓場景加強對方的感受。場景設計分為宏觀背景設計和微觀五感設計兩個方面。

當你在設計宏觀背景時，場景要包含3個要點：時間、地點和事件，如圖6-7所示。

圖6-7　設計宏觀背景場景的3個要點

當你在設計微觀五感時，場景要包含5個要點：看到什麼、聽到什麼、聞到什麼、嚐到什麼和摸到什麼，如圖6-8所示。

需要注意的是，你在設計場景時，要做到宏觀背景和微觀五感的統一，使整個場景和諧且能夠為達成目的服務。以Sam為例，在居家辦公期間，Sam採用了直播帶貨的方式，業績不降反升。恰好面臨年中述職，Sam希望在此期間能為自己爭取一個晉升機會。於是，他開始設計述職場景。本次年中述職採用線上述職的形式，Sam做出了4個方面的場景設計：一是主動爭取了第二個進行述職

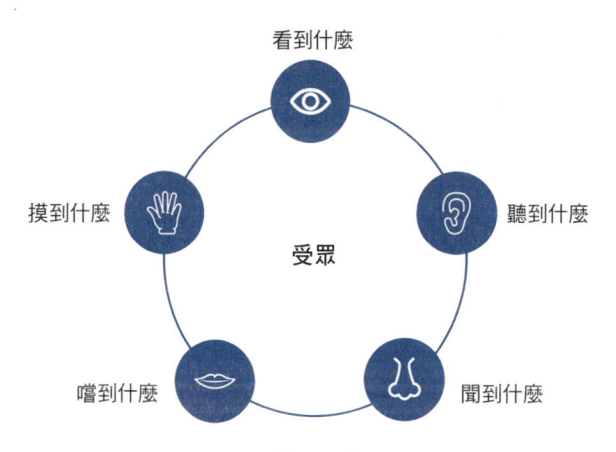

圖6-8　設計微觀五感的5大要素

的順序，因為第一個述職很容易受到設備調試、情境適應等因素的影響且聽眾還未100%投入到述職場景中；二是縮短了述職時間，將述職時間控制在30分鐘內；三是採用了「開門見喜」公式，精心設計了述職開頭，如圖6-9所示；四是採用了圖表展示自身取得的成績，如圖6-10所示。

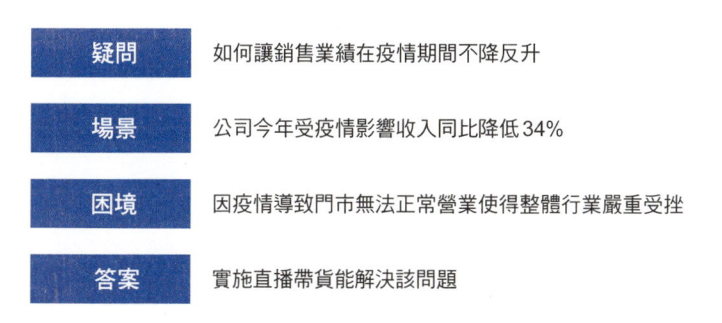

疑問	如何讓銷售業績在疫情期間不降反升
場景	公司今年受疫情影響收入同比降低34%
困境	因疫情導致門市無法正常營業使得整體行業嚴重受挫
答案	實施直播帶貨能解決該問題

圖6-9　Sam使用「開門見喜」公式設計的述職開頭

Sam兩年業績同比分析

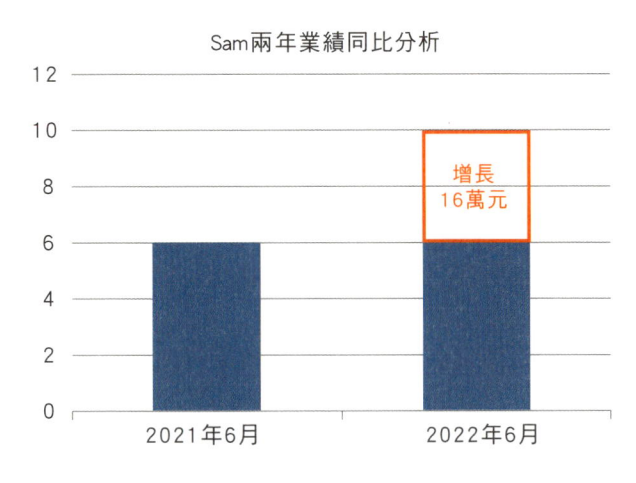

（圖表：2021年6月 約6萬元；2022年6月 約6萬元，增長16萬元）

圖6-10　Sam繪製的圖表

在進行述職時，Sam還對自己的語氣、語速和需要重點強調的內容也進行了場景設計。比如，在說到「逆勢增長」4個字時，他特意加重了語氣、放慢了語速；在提到自己的業績不降反升時，他重複了3遍「透過開闢直銷管道，個人業績不降反升」。在述職快要結束時，Sam還慷慨激昂地向上司保證今年勢必能超額完成業績目標……這些場景設計使得Sam的述職效果非常好，他達到了自己的場景設計目的——述職結束的3個月後，Sam晉升為業務部門主管。

基於目標選擇合適的宏觀場景，設計適配的微觀五感，盡可能多地調動上司或客戶的五感體驗，加強效果穿透力，這就是你在場景設計環節需要完成的動作。

3. 人：受眾認可何種策略

人是指受眾，即目標群體，在銷售過程中主要指目標客戶，在企業中主要指上司和同事。在這一環節，你要做3個動作：一是要對受眾進行劃分，通常情況下，可以將受眾分為3類——認可你的人、不認可你的人和認識你的人，如圖6-11所示；二是對3類受眾進行分析，找出受眾認可哪種策略，得出營造高光場景的具體策略。

認可你的人
- 認可什麼
- 滿意什麼

不認可你的人
- 是誤解導致的
- 是失誤導致的

認識你的人
- 怎樣才能認可
- 怎樣避免不認可

圖6-11　3類受眾及分析示意

(1) 分析認可你的人

分析認可你的人，他們認可你的什麼，滿意你的什麼，你能知道自己的核心競爭力在哪裡，將其記錄下來，運用到高光場景營造中，能讓你事半功倍。

(2) 分析不認可你的人

分析不認可你的人，要明確你為什麼不被認可。通常情況下，不被認可的原因主要有以下兩種：

一是你與對方之間存在誤解，對方不認可你。此時，你要採取的策略是透過各種真實資料，擺出證據證明自己，儘快讓對方消除對你的誤解。比如，Sam在年中述職中被某位上司質疑數據的真實性時，他應該第一時間將資料來源和業績達成過程呈現清楚，消除上司對他的誤解。

二是你在工作上曾經有過失誤，導致對方不認可你。此時，你要採取的策略是將錯誤更正，如果你的失誤讓對方造成了不可挽回的後果，那麼你還要進行彌補。一次失誤，對方很可能終生認為你不可靠，所以你更正和彌補錯誤的行為要持續進行，在後續工作中逐步證明自己。

(3) 分析認識你的人

這裡所說的「認識你的人」是指除認可你和不認可你的人之外的，那些對你瞭解不深的人。對於這些人，你要先瞭解對方，然後結合對認可你和不認可你的人的分析，儘量在後續接觸中爭取對方的認可。

工具總結

「高光3要素」是一個多因素場景設計工具，旨在透過核心3要素的有機整合將預期體驗安全、有效地傳遞至受眾，營造出屬於自己的高光場景，如圖6-12所示。

有何感受
（目的）

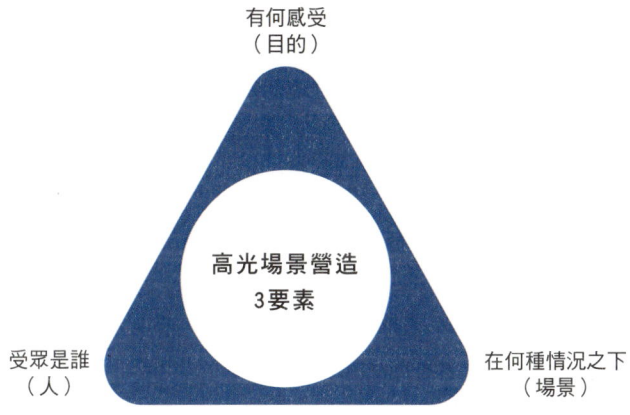

高光場景營造
3要素

受眾是誰
（人）

在何種情況之下
（場景）

圖6-12　高光場景營造3要素

工具 28　聚焦「貴人伯樂評分表」，找到「貴人」和「伯樂」

2020年，首批「90後」三十而立，已成為職場的中堅力量；2021年，「00後」開始進入企業實習。跟過去相比，現在的職場環境已經發生翻天覆地的變化。如何吸引、留住年輕人，如何將世代分佈鮮明的人才體系適配企業發展路徑，成了企業的一道必答題。時勢所逼，越來越多的企業開始轉變思路，實現扁平化管理方式。這樣的管理方式確實能留住一些年輕人才，但同時也會產生一個弊端：上下級邊界的擴大，讓員工找不到自己的直屬上司。試想一下，如果你的公司恰好是扁平化管理方式，你能準確地說出誰是你的直屬上司嗎？

面臨挑戰

在扁平化管理方式下，你時常要面對多位上司，此時你往往會面臨以下挑戰：

- 當你同時向多位上司彙報工作時,總是有一位上司對工作結果不滿意。
- 一部分上司認可你,一部分上司不認可你,你不知道如何才能「左右逢源」。
- 你的工作成果「大上司」看不見,難以升職加薪。

傳統操作

為了讓多位上司同時滿意,你可能做過以下嘗試:

- 根據工作的緊急程度和重要程度進行排序後,按照順序完成各個上司委派的工作。
- 與認可你的上司交好,不主動接觸不認可你的上司。
- 先滿足職級較高或直屬上司的要求。

當你嘗試過以上這些傳統操作,依然無法讓所有上司都滿意,難以在組織內獲得良好的發展機會時,這說明你需要使用新的工具——「貴人伯樂評分表」,幫你找到真正的「貴人」與「伯樂」。

解決方案

「貴人伯樂評分表」的運用方法是你要從5個方面對眾多上司進行評分,根據最終得分情況找到自己真正的「貴人」或「伯樂」,如圖6-13所示。「貴人伯樂評分表」的5個打分項可以劃分為兩大類:一類是對方自身的實力;另一類是對方與你的關係。

```
對方自身的實力
  01 他的資歷
  02 他的前途
  03 他的影響力

對方與你的關係
  04 他能否提拔你
  05 他能否開除你
```

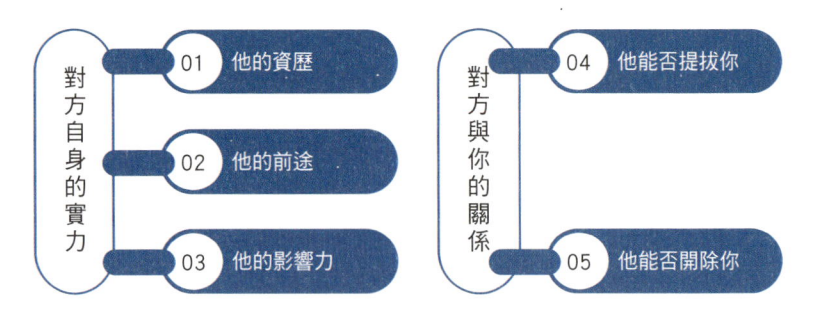

圖6-13 「貴人伯樂評分表」的5個評分項

第1類：對方自身的實力

你可以從以下3個維度對上司的自身實力進行評分：

(1) 他的資歷

第1個評分項是上司的資歷，是指一個人的工作資履和閱歷。通俗地說，是上司「夠不夠老」。「老」的判斷標準是上司在企業裡的工作年限、從業年限或工作經驗等。當你對上司的資歷進行評分時，可以按照總分為3分的標準進行打分，打分的依據有3個維度：「他在公司的年限超過5年或是公司元老」「他的從業年限超過15年」「他曾負責過公司級的重大項目」。滿足這3個條件者各計1分，不滿足者則不得分，如圖6-14所示。

(2) 他的前途

第2個評分項是上司的前途，是指上司未來的職業發展前景。許多人會忽略這個問題，但這一點往往是出問題最多的地方。比如，你的老上司很看好你，但他馬上就要退休，無法長期為你提供職業發展機會。一位能成為你的「貴人」或「伯樂」的上司，前提是他自己要有光明的前途，否則自顧不暇，如何顧你？

他的資歷

1分　　　　　　　　　　　　　　　　　　　　　3分

> 3分
> ✓ 他在公司的年限超過5年或是公司元老
> ✓ 他從業年限超過15年
> ✓ 他曾負責過公司級的重大項目

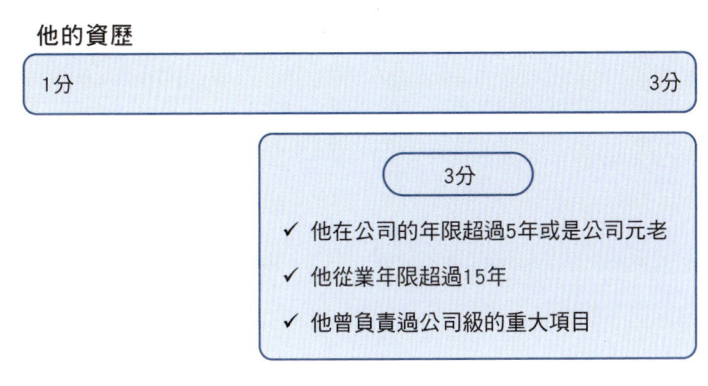

圖6-14　資歷評分欄

如何判斷一位上司是否有光明的前途呢？你可以從3個條件來打分：「他的年齡在40歲上下」「他的職位為部門重要成員」「他的業務能力在公司內排前三」。滿足1個條件者得1分，不滿足者不得分，總計3分，如圖6-15所示。當然，這3個條件並不是固定的，你可以根據自身的實際情況進行調整。比如，有的創業型公司全員年齡都不超過30歲，此時你可以將年齡條件更改為30歲上下。

他的前途

1分　　　　　　　　　　　　　　　　　　　　　3分

> 3分
> ✓ 他年齡在40歲上下
> ✓ 他職位為部門重要成員
> ✓ 他業務能力在公司內排前三

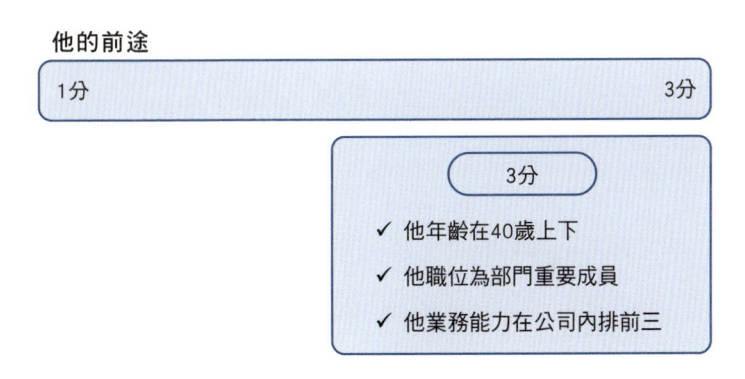

圖6-15　前途評分欄

(3) 他的影響力

第3個評分項是上司的影響力，是指上司在企業內的話語權。影響力大的上司在企業中更具有公信力。當你在判斷一位上司是否有影響力時，可以從3個條件來打分：「他是某領域的權威」「他與同事們保持良好的關係」「他受到同事們的尊敬」，滿足1個條件者得1分，不滿足者不得分，總計3分，如圖6-16所示。

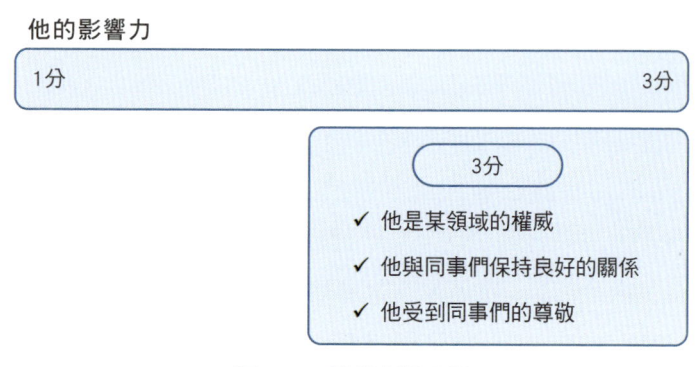

圖6-16　影響力評分欄

第2類：對方與你的關係

你可以從以下兩個維度來對上司與你的關係進行評分：

(1) 他能否提拔你

第1個評分項是上司能否提拔你。當你在判斷一位上司是否能提拔你時，涉及兩種權力：一是決定權，即他能直接提拔你；二是建議權，即他可以間接影響你是否被提拔。你可以根據上司的權力大小打分：如果上司有建議權，那麼計1分；如果上司有決定權，那麼計3分，如圖6-17所示。

他能否提拔你

1分		3分
有建議權		有決定權

圖6-17　提拔權力評分欄

需要注意的是，擁有決定權的上司不僅擁有最終決定權，也擁有一票否決權。這樣的上司對你的未來發展至關重要，你應該想盡辦法讓他「看到你」「關注你」「認同你」，並最終「賞識你」。關於如何做到這一點，前文第五階段已有詳細講解，在此不再贅述。

(2) 他能否開除你

第2個評分項是上司能否開除你。這樣的上司擁有你的「生殺大權」，決定你是否能留在企業任職。當你在判斷一位上司是否能開除你時，也涉及兩種權力：一是建議權；二是決定權。你可以根據上司的權力大小打分：上司有建議權計1分，上司有決定權計3分，如圖6-18所示。

瞭解5個評分項後，你可以對與自身有關係的全部上司進行評分，並根據總分進行排序，得分越高的上司對你職業發展影響越大。在找到最終的那一位「貴人」或「伯樂」時，有兩個注意事項：一是你選出的「貴人」或「伯樂」評分不能低於12分（滿分

他能否開除你

1分		3分
有建議權		有決定權

圖6-18　裁撤權力評分欄

15分）；二是選出對你職業發展影響最大的上司後，你需要集中精力完成該上司發佈的任務，優先滿足該上司的需求，努力獲得該上司的好感。

小周根據自身情況完成了他的「貴人伯樂評分表」，如表6-1所示。

小周發現張總是評分最高的上司，但萬總和王總的評分也不低。那麼，他應該如何對待這3位上司呢？

表6-1　小周的「貴人伯樂評分表」

上司	他的資歷	他的前途	他的影響力	他能否提拔你	他能否開除你	總分12分以上	排名
張總	3	3	2	3	3	14	1
萬總	3	1 (是否有提升空間)	2	3	3	12	2
王總	2	3	1 (短時間內能否決策)	3	3	12	2

首先，小周要分析萬總和王總最低分的所在項，思考對方未來在該項上是否有提分的可能性。這個未來期限最長不能超過1年，否則不確定性太多，風險太高。比如，萬總的最低分是「他的前途」，他年過不惑剛升到部門副總，雖然資歷老，但是業務能力一般，為人和善，行事穩妥，看似是「貴人」的不錯人選。實際上，在以結果為導向的公司裡，能力一般的萬總很難繼續晉升，他已經到達自身職位的「天花板」了，很難對小周產生更為長遠的影響。王總是小周公司的副總裁，小周不歸他直接管轄，這位上司看似不

會影響到小周的職業發展,然而小周意識到,如果自己能順利晉升,那麼王總將成為他的直屬上司。那時,王總的決策價值便能即刻凸顯。

接下來,基於以上分析,小周調整了排名順序,並決定根據排序有側重地滿足各位上司的需求,如表6-2所示。

表6-2　小周的「貴人伯樂評分表」排名調整

上司	他的資歷	他的前途	他的影響力	他能否提拔你	他能否開除你	總分12分以上	排名	排名調整
張總	3	3	2	3	3	14	1	1 近期的「貴人」
萬總	3	1	2	3	3	12	2	3
王總	2	3	3	1	3	12	2	2 遠期的「伯樂」

經過以上討論,你或許會有疑惑:「貴人」和「伯樂」有什麼區別?

在企業中,「貴人」是能帶來資源的人,「伯樂」是能帶來機會的人。當你能夠利用「貴人」提供的資源去創造價值,進而讓「伯樂」發現你,並為你提供制勝未來的機會時,你的職業道路將會越走越「亮」。因此,判斷出自己的「貴人」與「伯樂」之後,你對待對方的策略也要有所不同——對待「貴人」要立刻滿足他的需求,對待「伯樂」則要不計較一時的得失,目光要長遠。

值得注意的是,在找出自己的「貴人」和「伯樂」後,你可能會遭遇兩種風險:一是「伯樂」中途離職;二是「貴人」無法繼續

提供資源。面對這些風險時，你可以根據「貴人伯樂評分表」重新鎖定新的關鍵人物，快速反覆運算，及時止損。

工具總結

「貴人伯樂評分表」是一個助你聚焦「人和」的評分工具，旨在透過5個評分項目找到真正能助力你職業發展的關鍵人物，讓對方為你的職業發展保駕護航，如表6-3所示。

表6-3 「貴人伯樂評分表」示意

上司	他的資歷	他的前途	他的影響力	他能否提拔你	他能否開除你	總分 12分以上	排名	排名調整

工具 29　使用「比較優勢環」，爭取更多資源

　　資源，永遠是稀缺的。身處職場，在彼此能力不分伯仲的情況下，誰能獲得更多的資源，便更有把握取得成績，進而脫穎而出。在現實的職場中，你會發現優秀的人才越來越多。在僧多粥少的情況下，如果你一味地埋頭苦幹很可能永遠也等不來發光的機會。所以，你需要打動資源方（比如上司、客戶、行業大咖等），主動為自己爭取更多資源。

面臨挑戰

　　當你在打動資源方時，往往會面臨以下挑戰：

- 一味地維護與客戶的關係，忽略了產品品質，因此失去了客戶的信任。
- 公司產品與競品同質化嚴重，為了把產品賣出去，你開始打「價格戰」。
- 你的解決方案沒有亮點和特色，無法打動上司或客戶。

傳統操作

為了打動資源方,你可能做過以下嘗試:

- 向上司和產品生產部門反映產品品質問題。
- 不斷細分市場,走產品差異化路線。
- 從對方需求出發設計解決方案。

當你嘗試過以上這些傳統操作,依然無法打動資源方,為自己爭取更多資源時,這說明你需要使用新的工具──「比較優勢環」,爭取更多資源。

解決方案

「比較優勢環」的操作方法是把你自己與競爭對手、資源方進行比較,找到自己的優勢或劣勢,截長補短,進而根據資源方的需求打動資源方,為自己爭取更多資源,如圖6-19所示。

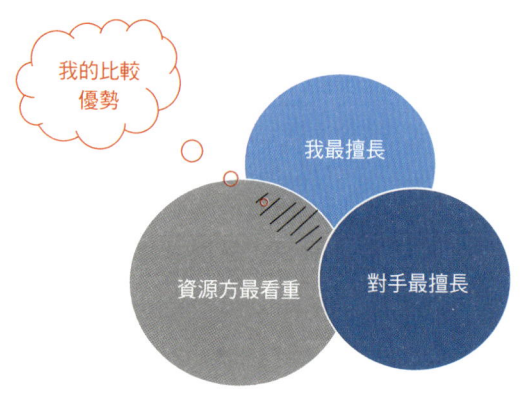

圖6-19 「比較優勢環」

使用「比較優勢環」分兩個步驟：第1步是分析「比較優勢」；第2步是提煉「槓桿支點」。

第1步：分析「比較優勢」

最好的情況是當「我最擅長」的部分與「資源方最看重」的部分大面積重合，而「對手最擅長」的與「資源方最看重」的不重合或少量重合時，你更能打動資源方。

但現實情況往往並非人願，常常會出現兩種比較優勢環，如圖6-20所示。第一種情況是：「我最擅長」的部分和「對手最擅長」的部分重合，你將面臨的是同質化競爭嚴重。第二種情況是：「我最擅長」的部分明顯小於「對手最擅長」的部分，你將面臨的是競爭壓力大。

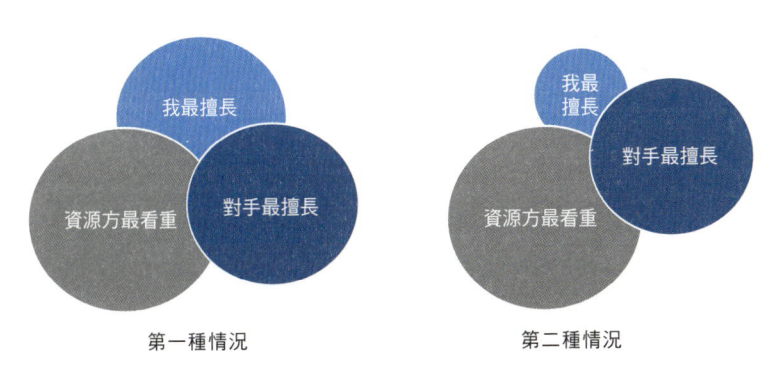

圖6-20　兩種常見的「比較優勢環」

那麼，你要如何應對這兩種情況呢？答案是深挖「資源方最看重」的部分，做到「我最擅長」的部分與「資源方最看重」的部分重合面積更大，如圖6-21所示。

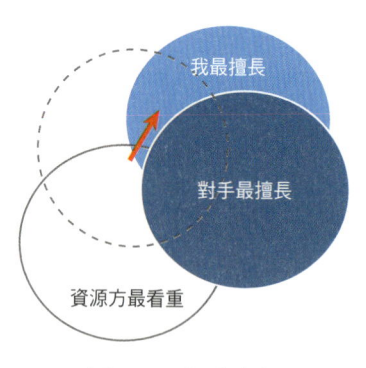

圖6-21 解決方案

第2步：提煉「槓桿支點」

如何深挖「資源方最看重」的部分，以擴大「我最擅長」的部分與「資源方最看重」的部分的重合面積呢？你需要提煉出資源方最看重的3點作為「槓桿支點」，撬動資源方的心理防線。

通常情況下，資源方最看重3個維度：品質、時間和成本。你要對這3個維度進行深入分析，做到品質最優、耗時最短和成本最低，如圖6-22所示。

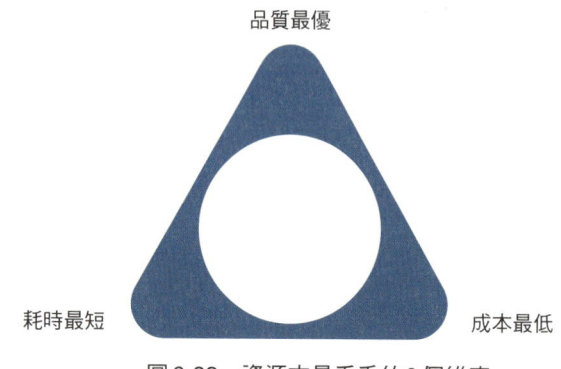

圖6-22 資源方最看重的3個維度

那麼，如何對資源方最看重的3個維度進行分析呢？最佳的方法是測評。測評分為兩步：一是測評資源方的關注點，瞭解其群體偏好；二是根據測評結果，挖掘「資源方最看重」的部分。

(1) 測評資源方的關注點，瞭解其群體偏好

如果資源方是某個特定的人，你可以使用工具06中的「人眼測評法」瞭解資源方的關注點。在大多數情況下，資源方是一個群體，既然是群體，他們就會形成一種文化，每種文化同樣會有屬於自身的群體偏好，這時你需要對整個群體的關注點進行測評。一般情況下，資源方群體的關注點分為兩類：一是關注品質的藍色群體；二是關注成本和時間的橙色群體，每個群體的特點各不相同，如表6-4所示。

表6-4　群體關注點測評表示意

問題	藍色群體（關注品質）	橙色群體（關注成本和時間）
群體的最終決定權	群體內的技術「奇才」	群體內的管理者
群體的工作流程	非結構化、自由	嚴格、制度化
群體的主要價值觀	創新、卓越重於流程和確定性	流程、確定性重於創新和卓越
群體的行政管理流程	隨意、臨時	成文、嚴格執行
群體成員的人際溝通	粗魯、直率	紀律性強、有嚴密組織

上表中一共有5個問題，你可以根據資源方群體的實際情況進行勾選，得出資源方屬於什麼顏色的群體。

(2) 根據測評結果，挖掘「資源方最看重」的部分

根據得出的測評結果，你可以挖掘出「資源方最看重」的部分，具體操作方式如圖6-23所示。

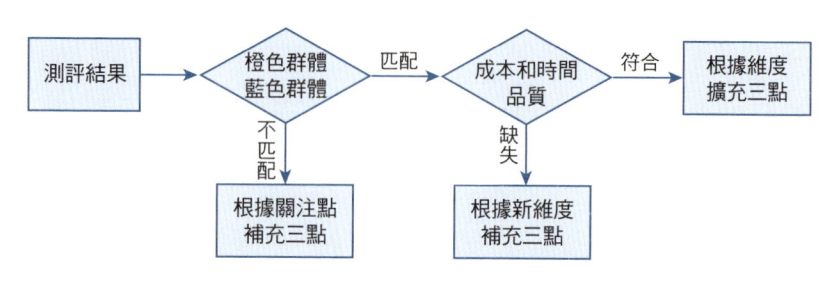

圖6-23　挖掘「資源方最看重」的部分流程

在挖掘「資源方最看重」的部分流程中，你可能會遇到兩個問題：一是測評結果顯示資源方的群體顏色屬性與你給出的方案不匹配，「支點」與「槓桿」不適配，此時你需要對方案進行適配調整，根據資源方的關注點補充內容；二是測評結果顯示資源方群體顏色屬性與你給出的方案匹配，但你的方案缺少資源方最看重的維度，即「支點」與「槓桿」不平衡，此時你需要在缺失的維度上深入挖掘，根據新維度補充內容。

以銷售經理Simon為例，Simon最近在準備一個大專案的投標資料。最初，他根據過去的經驗提出了兩個方案：一是方案側重品質優化；二是方案側重成本控制。隨後，他針對以上5個問題對客戶，尤其是客戶方的各位關鍵決策人進行了群體測評，發現資源方是典型的橙色群體。於是，Simon開始復盤自己的方案，根據測評結果和之前與客戶溝通的內容，將「支點」定為成本控制方案，將

其作為主競選方案。但他意識到，除了成本維度，資源方在時間維度上的要求也不容忽視，於是他再次結合按時交付的需求點進一步對方案進行了補充，如圖6-24所示。這一操作幫助他實現了「槓桿」平衡，最終他成功打動了該客戶。

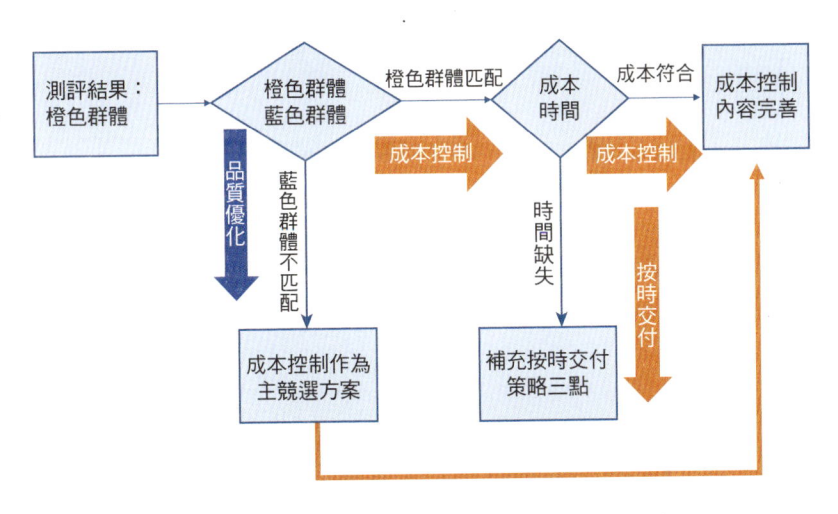

圖6-24 Simon挖掘「資源方最看重」的部分流程

工具總結

「比較優勢環」是一個比較優勢「挖掘器」,旨在透過測評深入瞭解資源方的關注點進而提升自身的核心競爭力,為自己爭取更多的資源,從而贏在職場。「比較優勢環」有以下兩步操作:

- 分析自身「比較優勢」,得出自己與對手、資源方三者之間的關係;
- 從品質、時間和成本3個方面進行測評,瞭解資源方群體偏好,並挖掘出「資源方最看重」的部分。

工具 30 巧妙使用「避坑指南」，避免「自嗨式」高光

掌握了本書的所有工具之後，你可能已經開啟了打造自己的職場高光之路，並對此胸有成竹。然而，此時還有最後一隻「攔路虎」擋在你面前，那就是「自嗨式」高光。「自嗨式」高光往往只能感動自己，它並不是真正的高光，而是自我沉醉的「假高光」。它不僅無法為你的職場發展助力，還會讓你費時、費力、費事、費錢。那麼，你該如何突破「自嗨式」高光呢？

面臨挑戰

「自嗨式」高光有以下 4 種典型的表現形式，如圖 6-25 所示。

1. 總想通吃
2. 勞而無功
3. 自以為是
4. 盲目跟風

圖6-25　4種「自嗨式」高光

傳統操作

為了避免或改善「自嗨式」高光困境，你可能嘗試過以下操作：

- 更換自己的工作工具。
- 調整自己的工作方法。
- 更換自己的諮詢顧問或輔導教練。

當你嘗試過以上這些傳統操作，依然無法打造高光時刻時，這可能不是你的能力問題，也不是工具的錯，而是你需要換一個角度使用工具——本節提供的「避坑指南」，將為你高效使用本書所有工具提供新方向，讓你遠離「自嗨式」高光。

解決方案

工作上沒有任何百試百靈的「萬能工具」，也沒有始終可以以不變應萬變的「萬能方法」。因此，本節要向你推薦的並不是一個專門「避坑」的工具或者方法，而是結合本書前述所有工具的綜合性指導，讓你能以更正確的方式，在最需要、最合適的時機使用它們。本書所有工具的剖析均由認知提升和行為改善兩個部分組成，因此最後這一節的「避坑指南」也將從這兩個方面給出。

1. 總想通吃——「先吃好，就能吃飽」

在企業中，你可能會出現「總想通吃」的「自嗨式」高光。「總想通吃」的表現是：你什麼都想要，想「一口吃成個大胖

子」。這是人性中的貪欲和急功近利所致,要避免出現「總想通吃」的問題,你要記住一句話:「先吃好,就能吃飽。」這句話的意思是當你很餓時,你很難一開始就控制住自己想要「大吃特吃」的衝動,但你的胃只有那麼大,所以你要先吃「好」的食物,當你一口一口吃下「好」的食物後,會自然而然地放棄那些你還沒來得及「吃」的。這樣做能確保你「吃飽」且不會遺憾沒有吃到「好」的食物。

同理,在面對很多你想做或要做的事情時,你要先做最重要的事情,最重要的事情通常有兩種:一是能體現你核心競爭力的事情;二是你必須先完成的要事。在這一點上,你可以使用以下工具:

- 使用工具01中的「3個圈」工具和工具28中的「貴人伯樂評分表」,找到自己的核心競爭力,並明確怎樣做才能體現出自己的核心競爭力。
- 使用工具12中的「要事優先3漏斗法」和工具23中的「優選列表」,找到當下最緊要的工作,優先完成。

2. 勞而無功——「知己知彼,百戰百勝」

在企業中,你可能會出現「勞而無功」的「自嗨式」高光。具體表現是:你認為只要自己努力,就能獲得一切,於是拚命做事。然而,這一切的前提是你必須確保自己正處於正確的賽道上,否則你越努力錯得越離譜。要避免出現「勞而無功」的問題,你要記住一句話:「知己知彼,百戰百勝。」深入瞭解他人,也讓他人深入

瞭解你。在這一點上，你可以使用以下工具：

- 使用工具06中的「人眼測評法」和工具13中的「7步供需圖譜」，瞭解他人、瞭解與他人之間的供需關係。
- 使用工具18中的「3盞聚光燈」、工具24中的「開門見喜」和工具25中的「透析問題」，做好績效述職和書面彙報，讓他人深入瞭解你。

3. 自以為是——「我為人人，人人為我」

在企業中，你可能會出現「自以為是」的「自嗨式」高光。具體表現是你認為自己做得很好、想法很正確、決策很合理，然而其他人卻並不這樣認為。要解決「自以為是」的問題，你要記住一句話：「我為人人，人人為我。」當你做到「我為人人」，即你能充分為他人考慮，從他人的角度出發思考問題、幫助他人時，他人就會反過來幫助你。此時，你就不再是「自以為是」。在這一點上，你可以使用以下工具：

- 使用工具21中的「需求畫布」和工具22中的「分析看板」，分析他人的需求、行為及動機，從而做出真正滿足他人需求的事，做到「我為人人」。
- 使用工具09中的「群策群力法」和工具10中的「人才盤點3問」，從其他同事或上司身上汲取經驗，做到「人人為我」。

4. 盲目跟風——「耳聰目明、立足根本」

在企業中，你可能會出現「盲目跟風」的「自嗨式」高光。具體表現是：你認為許多理論很「火」，或是許多做法很「流行」，便跟著去學、去做，然而卻忽略了自身實際情況。要解決「盲目跟風」的問題，你要記住一句話：「耳聰目明、立足根本。」你需要立足於自身真實情況，去聽、去看、去體會，從而告別盲目學、盲目做。在這一點上，你可以使用以下工具：

- 使用工具07中的「四位一體法」和工具27中的「高光3要素」，提升自己的聆聽能力和感官體驗，避免資訊冗餘帶來的內耗。
- 使用工具05中的「5點清單」和工具29中的「比較優勢環」，有理有據地闡述個人想法，並尋找到自己最擅長的領域進行個人展現。

工具總結

「避坑指南」是教你如何規避4種「自嗨式」高光，正確使用本書中的所有工具，為你的高光時刻保駕護航，如表6-5所示。

表6-5 「避坑」工具清單

「自嗨式」高光	認知提升	行為改善
總想通吃	助力找到職場核心競爭力的「3個圈」（工具01）	助力快速達標的「要事優先3漏斗法」（工具12）
	助力找到關鍵決策人的「貴人伯樂評分表」（工具28）	讓上司認同你的「優選列表」（工具23）
勞而無功	助力新環境融入的「人眼測評法」（工具06）	助力績效述職的「3盞聚光燈」（工具18）
	助力人緣的「7步供需圖譜」（工具13）	讓上司賞識你的「透析問題」（工具25）
自以為是	讓上司看見你的「需求畫布」（工具21）	解決老大難問題的「群策群力法」（工具09）
	讓上司關注你的「分析看板」（工具22）	助力代理轉正的「人才盤點3問」（工具10）
盲目跟風	助力存在感的「四位一體法」聆聽技術（工具07）	助力內部競聘的「5點清單」（工具05）
	助力體驗設計的「高光3要素」（工具27）	助力低投高產打動對方的「比較優勢環」（工具29）

	最強工作術:破解職場迷茫,輕鬆實現目標/徐婉益著. -- 初版. -- 臺北市:春天出版國際文化有限公司,2025.02
	面 ; 公分. -- (Progress ; 37)
	ISBN 978-626-7637-36-4(平裝)
	1.CST: 職場成功法
	494.35　　　　　　　　　　　114000784

最強工作術

破解職場迷茫,輕鬆實現目標

Progress 37

作　　　者 ◎ 徐婉益
總　編　輯 ◎ 莊宜勳
主　　　編 ◎ 鍾靈
出　版　者 ◎ 春天出版國際文化有限公司
地　　　址 ◎ 台北市大安區忠孝東路4段303號4樓之1
電　　　話 ◎ 02-7733-4070
傳　　　真 ◎ 02-7733-4069
E－m a i l ◎ frank.spring@msa.hinet.net
網　　　址 ◎ http://www.bookspring.com.tw
部　落　格 ◎ http://blog.pixnet.net/bookspring
郵政帳號 ◎ 19705538
戶　　　名 ◎ 春天出版國際文化有限公司
法律顧問 ◎ 蕭顯忠律師事務所
出版日期 ◎ 二○二五年三月初版
定　　　價 ◎ 430元

總　經　銷 ◎ 楨德圖書事業有限公司
地　　　址 ◎ 新北市新店區中興路2段196號8樓
電　　　話 ◎ 02-8919-3186
傳　　　真 ◎ 02-8914-5524
香港總代理 ◎ 一代匯集
地　　　址 ◎ 九龍旺角塘尾道64號 龍駒企業大廈10 B&D室
電　　　話 ◎ 852-2783-8102
傳　　　真 ◎ 852-2396-0050

版權所有・翻印必究
本書如有缺頁破損,敬請寄回更換,謝謝。
ISBN 978-626-7637-36-4
Printed in Taiwan

中文繁體版通過成都天鳶文化傳播有限公司代理,由機械工業出版社有限公司授予春天出版國際文化有限公司獨家出版發行,非經書面同意,不得以任何形式複製轉載。